边缘计算理论与系统实践：

基于CNCF KubeEdge的实现

谈海生　张　欣　郑子木　李向阳◎编著

人 民 邮 电 出 版 社
北　京

图书在版编目（CIP）数据

边缘计算理论与系统实践：基于CNCF KubeEdge的实现 / 谈海生等编著. -- 北京：人民邮电出版社，2023.3
ISBN 978-7-115-60132-2

Ⅰ. ①边… Ⅱ. ①谈… Ⅲ. ①无线电通信－移动通信－计算 Ⅳ. ①TN929.5

中国版本图书馆CIP数据核字(2022)第182948号

内容提要

本书以 CNCF KubeEdge 为例，分理论知识和系统实现两部分，介绍了边缘计算的理论与系统实践。理论知识部分首先介绍边缘计算的概念、挑战与机遇；接着阐述边缘计算的系统架构，包括云计算与云原生技术、云边协同架构；进一步引出云边端协同机制，重点讲解计算卸载、缓存管理、移动性管理和竞争定价等关键技术；最后介绍边缘计算中的 AI 部署。系统实现部分从定位、功能和整体架构 3 个方面介绍了主流的边缘计算平台，详细介绍了 CNCF KubeEdge 平台中功能模块间通信原理、云边组件等基础知识，最后介绍了搭建 CNCF KubeEdge 的具体步骤和使用 CNCF KubeEdge 控制树莓派 LED 灯、使用 NPU 实现边缘端人脸识别、实现云边协同的联邦训练等实验的操作步骤。

本书将理论与实践相结合，不仅介绍了边缘计算的理论知识，还基于 CNCF KubeEdge 平台实战操作进行了讲解。本书汇集了作者在云边端协同领域多年的科研成果，并结合华为边缘计算团队一线的工程实践经验，可为研究人员、高校学生、企业技术人员学习和部署边缘计算提供参考。

◆ 编　　著　谈海生　张　欣　郑子木　李向阳
　责任编辑　邓昱洲
　责任印制　李　东　焦志炜
◆ 人民邮电出版社出版发行　　北京市丰台区成寿寺路 11 号
　邮编　100164　　电子邮件　315@ptpress.com.cn
　网址　https://www.ptpress.com.cn
　固安县铭成印刷有限公司印刷
◆ 开本：700×1000　1/16
　印张：12.5　　　　2023 年 3 月第 1 版
　字数：204 千字　　　　2023 年 3 月河北第 1 次印刷

定价：69.80 元

读者服务热线：(010)81055552　印装质量热线：(010)81055316
反盗版热线：(010)81055315
广告经营许可证：京东市监广登字 20170147 号

推　荐　序

“制无美恶，期于适时；变无迟速，要在当可。”计算科学是随着时间快速变化的领域，从串行计算到并行计算、分布式计算、网络计算，再到近十年来大放异彩的云计算，新一代信息技术的出现，推动了计算范式的不断发展与变革。现如今，智能手机、无人机、智能摄像仪器、智能汽车，各种智能设备环绕在我们周围，连接着人与信息系统，实时产生大量数据，对存储、传输、计算产生新的需求。为顺应时代的发展，需要我们以计算思维把握数字社会的客观规律，发现新问题、提出新观点、探索新方法，针对智能设备多样化的算力需求，对计算范式进行创新，以契合时代之发展，弥合算力供需之鸿沟，推动数字化转型。

《中华人民共和国国民经济和社会发展第十四个五年规划和 2035 年远景目标纲要》中明确提出要“迎接数字时代，激活数据要素潜能，推进网络强国建设，加快建设数字经济、数字社会、数字政府，以数字化转型整体驱动生产方式、生活方式和治理方式变革”。这一要求为协同发展云服务与边缘计算服务，加强面向特定场景的边缘计算能力指明了方向。自动驾驶、工业制造场景下，接入网络的设备种类多、地理位置分散、算力异构，给边缘计算资源的管理和优化带来困难，也对云边端协同计算下的任务划分、分配、调度的机制设计，以及协同计算策略的实际部署提出了新的挑战。当前，学术界及各大主流科技企业聚焦计算范式的创新与变革。中国科学技术大学的研究团队发挥高校科学探索的传统和优势，深入研究云边端协同机制的算法理论及系统，获得的成果具有广泛的学术影响。华为公司作为信息领域领军企业，结合多年来在云计算领域的经验，开源了 KubeEdge 边缘计算平台，致力于为网络应用提供云边端协同的基础架构支持，并将 AI 能力扩展到边缘端。

很高兴看到中国科学技术大学与华为公司合作出版本书，带领大家探究边缘计算的理论与应用。全书汇集了作者多年的学术科研成果和一线工程经验，理论扎实、注重实践、视角新颖，是高校师生、企业工程技术人员学习和部署边缘计算的重要参考。期待读者能够将本书内容应用到自己工作的领域中，释放边缘计算技术的潜力，助力数字化转型。

陈国良

中国科学院院士　国家教学名师

前　言

在智慧交通、智能制造、智慧家居等场景下，边缘计算系统面临连接的设备数量大、算力分散、计算能力异构、计算任务复杂等挑战，这对用户高效管理云边端的计算、存储、网络等资源提出了更高的要求。本书首先介绍边缘计算的概念和系统架构；然后从理论的角度出发，介绍云边端协同中的计算卸载、缓存管理、移动性管理、竞争定价等关键技术，并重点介绍边缘计算中的AI 部署；最后，基于 CNCF KubeEdge 计算框架，介绍边缘计算系统实践。

本书内容分为两部分。第 1~4 章为理论知识部分，涵盖了边缘计算概述、系统架构、云边端协同和边缘计算中的 AI 部署。第 5~7 章为系统实现部分，涵盖了主流边缘计算平台介绍以及 CNCF KubeEdge 平台的实践应用。

第 1 章　边缘计算概述

这一章首先介绍边缘计算的起源与概念，帮助读者了解为什么需要边缘计算、边缘计算与云计算的关系。接下来介绍边缘计算在大数据、人工智能蓬勃发展的时代背景下的优势与发展概况。最后从通用计算、任务分发、存储和安全等角度出发，介绍当前边缘计算面临的挑战与机遇。

第 2 章　边缘计算的系统架构

这一章介绍边缘计算的软硬件系统架构，包括云计算与云原生的概念、云边协同架构和主流跨平台边缘设备的基本特点。

第 3 章　云边端协同

这一章介绍云边端协同机制。首先，为读者详细介绍包括在线算法、分布式算法、强化学习和定价策略在内的预备知识。其次，基于预备知识引导读者了解云边端协同中的关键技术，包括计算卸载、缓存管理、移动性管理和竞争定价。

第 4 章　边缘计算中的 AI 部署

这一章介绍边缘计算与人工智能结合的新领域，即边缘智能，包括边缘智能的优势、面临的技术挑战、云边协同推理的优化技术、云边协同训练的基本方法。其中，从联邦学习、迁移学习、增量学习 3 个方向介绍云边协同训练。

第 5 章　边缘计算平台介绍

这一章介绍主流边缘计算平台（Baetyl、EdgeX Foundry、Rancher K3s、CNCF KubeEdge）的定位和功能，以及整体架构。

第 6 章　CNCF KubeEdge 系统架构

这一章介绍 CNCF KubeEdge 系统架构，包括 CNCF KubeEdge 功能模块间的通信原理、云端组件、边缘端组件、设备管理设计原理、EdgeMesh 设计原理。最后，从边缘服务网格能力、边缘 Serverless 能力、数据管理框架等方面对 CNCF KubeEdge 的未来发展进行展望。

第 7 章　CNCF KubeEdge 实战

这一章介绍 CNCF KubeEdge 实战。首先，详细介绍在云端和边缘端搭建 CNCF KubeEdge 的具体步骤。然后，基于动手搭建的 CNCF KubeEdge，介绍使用 CNCF KubeEdge 控制树莓派 LED 灯，使用 NPU 实现边缘端人脸识别，实现云边协同的联邦训练等实验的操作步骤。

本书由谈海生、张欣、郑子木、李向阳编著。作者为长期从事云边端协同计算研究的高校学者和企业边缘计算团队的一线资深工程师。在编写过程中，同时得到曹万里、冯呈金、甘政宇、韩硕康、黑靖皓、洪云聪、江山、李国鹏、李明霞、李梓宁、刘源驰、孟佳颖、倪宏秋、吴迪、汪依、王志远、欧阳凌骥、叶玲玲、张弛、张金水、张朋飞、章馨月、赵民基，以及张扬等的大力帮助。全书编写于新冠肺炎疫情期间，感谢各位作者排除困难，辛勤工作。

由于作者水平有限，书中难免有疏漏和不足之处，恳请读者批评指正。

目　　录

第一部分　理论知识

第二部分　系统实现

第一部分

理论知识

第 1 章　边缘计算概述

云计算的出现和发展为许多新兴的技术提供了宝贵的机会。然而，使用集中式的云服务器也意味着增加了用户设备之间、用户与云端之间的通信频率，由于用户设备的地理位置可能极为分散且远离云端，那些需要实时响应的应用功能将会受到严重限制。因此，我们需要将目光投向网络边缘，探索在网络流量通过的节点上执行计算的可能性，以便为用户提供更好的服务体验，这就是边缘计算。

1.1　边缘计算的起源与概念

边缘计算是指在网络边缘执行计算的一种新型计算模型，边缘的下行数据为云服务的数据，上行数据为物联网（Internet of Things，IoT）服务的数据，而边缘计算的边缘是指从数据源到云计算中心路径之间的任意计算资源和网络资源。例如，可穿戴的医疗设备可被视为用户与云计算中心之间的边缘，智能家居中的网关可被视为家庭内电子设备和云计算中心之间的边缘，微云（Cloudlet）可被视为移动设备和云计算中心之间的边缘。

如图 1.1 所示，在边缘计算架构中，我们将地理位置距离云端（云计算中心）较远且分散的用户设备称为边缘设备（Edge Device），包括智能手机、平板计算机、可穿戴设备等；将边缘设备到云端之间路径上具有计算能力的节点称为边缘节点（Edge Node），如路由器、交换机、基站等。边缘计算涵盖了从边缘设备到云计算中心之间的计算、存储和网络资源。它能通过有效地组织整合边缘计算的各种资源，在数据到达云计算中心之前对数据进行处理，从而满足实时性和隐私保护等需求。因此，边缘计算并不是取代云计算，而是云计算的有益补充。

边缘计算的起源可以追溯到 20 世纪 90 年代，Akamai 等人提出了内容分发网络（Content Delivery Network, CDN）的概念，即通过在地理位置上更接近用户的位置引入网络节点，以缓存的方式实现图像、视频等内容的高速传输。2006 年，亚马逊公司首次提出“弹性计算云（Elastic Compute Cloud）”的概念，在计算、可视化和存储等方面创造了许多新的机会。2009 年，美国卡内基梅隆大学的 Satyanarayanan 教授引入了微云作为边缘计算的早期示例形式，这是一种双层架构，第一层称为云（高时延），第二层称为微云（低时延），后者是广泛分散的互联网基础设施组件，它们的计算周期和存储资源可以被附近的移动设备利用。此后，随着对边缘计算模型的研究不断深入，学界和工业界相继提出了移动云计算（Mobile Cloud Computing）、雾计算 (Fog Computing）和移动边缘计算（Mobile Edge Computing，MEC）等新型边缘计算模型。根据高德纳公司发布的 2021 年度新兴技术成熟度曲线，边缘计算从“触发期”进入“期望膨胀期”，是未来技术发展的方向。

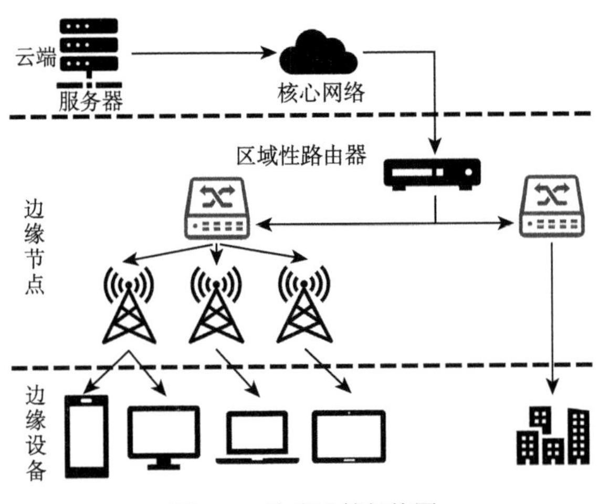

图 1.1 边缘计算架构图

由于边缘计算的应用前景广泛，因此，吸引了诸多企业参与研究和开发，例如，以微软（典型应用：Azure IoT Edge）和亚马逊（典型应用：AWS IoT Greengrass）为代表的互联网企业开始将原始的公有云服务能力向边缘端扩展。同时，通用公司（典型应用：Predix 平台）等大规模制造企业也发挥自身的工业云服务的优势，开始注重边缘计算的发展以提升企业的智能制造水平。以华为为代表的通信企业，利用其先进网络基础设施的技术和资源所带来的优势，正在着力发展边缘计算用以支持未来更加智能的云计算和 IoT 应用。在企业界的加持下，相信未来会有更多成熟的边缘计算技术和应用落地开花，在不同的行业发挥作用。

1.2 边缘计算的优势与发展

1.2.1 边缘计算的优势

随着大数据、IoT 和人工智能等技术的蓬勃发展，网络边缘设备所产生的数据量开始快速增长，以云和数据中心为核心的集中式处理模式将无法快速处理边缘设备所产生的海量数据。在该背景下，传统的云计算场景中存在的实时性差、带宽受限制、无法保证数据安全和隐私以及能耗高等问题也变得越来越突出。为了解决或缓解这些问题，更好地为用户提供服务，出现了将计算任务迁移至网络边缘，同时处理边缘设备所产生的海量数据的边缘计算概念。在云计算的基础上，边缘计算的优势主要体现在以下几点。

1. 低时延

在传统的云计算中，应用需要将数据传输至云计算中心，等待数据处理完成后再返回结果。如果应用所处的地理位置较为分散，且距离云计算中心较远，则通常会产生很大的系统时延。举例来说，从澳大利亚堪培拉到美国伯克利的往返时延就高达 175 毫秒，这对于时延敏感型应用（如实时视觉引导服务、无人驾驶汽车等）来说是不可接受的。在这些场景下，云计算将无法满足应用的需求。边缘计算通过在更靠近数据源的位置（例如路由器、基站）执行计算，以降低时延，改善所提供的服务质量。

2. 智能计算

边缘端产生的数据通常需要传输到云端进行计算和分析，必将消耗一定的云端资源。通过将网络划分成多个不同层并利用网络边缘的资源可缓解云端的压力。例如，一些应用程序在边缘端（数据产生的阶段）就可以过滤掉冗余的原始数据，然后在边缘端对数据进行初步的分析和处理，再转发至云端进行最终分析，从而缓解了云端的计算压力以及网络传输过程中的带宽压力。此外，数据中心还可以将仅占用有限资源的计算迁移到边缘节点。同时，边缘节点也可以利用志愿设备（如邻近的其他边缘节点）来增强其计算能力。

3. 数据安全和隐私

在云计算的模型中，云计算平台一般是指远程的、公共的大型数据中心，例如 Amazon EC2 和 Microsoft Azure。由于海量的用户数据高度集中于云数据中心，使其很容易成为黑客的攻击目标。当云数据中心受到攻击后必将造成严重的隐私泄露问题。此外，云数据中心中用户数据的所有权和管理权在云计算中是分开的，这也可能导致私人数据的泄露和丢失。使用边缘服务器则有希望避免出现数据泄露的问题。一方面，由于边缘计算采用的是分布式部署，信息存储的规模较小且有价值信息的存储较为分散，因此边缘服务器成为黑客攻击目标的概率不大；另一方面，由于许多边缘服务器位于私有云中，外界的访问会更加困难，可以一定程度上降低信息泄露的风险。除此之外，需要在最终用户和服务器之间进行敏感信息交换的应用程序也将受益于边缘计算，公司部署了边缘服务器，可以避免将受限制的数据和材料上传到远程数据中心，因为边缘服务器的所有权和管理权完全属于公司自己，外界根本无法干预。

4. 低能耗

随着在云端部署的应用越来越多，数据中心的规模不断增大，数据中心对能源的需求变得越来越难以被满足，能耗已成为限制数据中心发展的一个重要因素。云边端协同计算将数据中心的任务迁移至靠近数据源的边缘节点上执行，可以很大程度上避免数据中心过载，大大减少云端的网络传输需求，降低网络传输能耗。

1.2.2　边缘计算的发展

从边缘计算的发展历程来看，2015 年前处于原始技术积累阶段，微云、雾计算、海云计算被相继提出；2015—2017 年期间边缘计算快速发展，工业界发表了一系列白皮书并成立了相关的工作组及联盟，如欧洲电信标准组织（European Telecommunications Standards Institute，ETSI）定义了多接入边缘计算，思科、ARM、戴尔、英特尔、微软和美国普林斯顿大学成立了 OpenFog 联盟，华为、中国科学院沈阳自动化研究所、中国信息通信研究院、英特尔、

ARM 等成立了边缘计算产业联盟（Edge Computing Consortium，ECC）等。2018 年是边缘计算发展过程中的重要节点，在这一年，边缘计算被推向前台。2019 年与 2020 年，边缘计算开始飞速发展，有更多大型互联网公司加入了边缘计算的开发行列，使得边缘计算在工业界的相关成果层出不穷。

2016 年，ECC 在北京正式成立，旨在推动运营技术（Operational Technology，OT）与信息通信技术（Information and Communication Technology，ICT）产业开放协作，引领边缘计算产业蓬勃发展，深化产业数字化转型。亚马逊、谷歌和微软等云巨头正在成为边缘计算领域的领导者。亚马逊通过 AWS IoT Greengrass 进军边缘计算领域，并且走在行业的前列。AWS IoT Greengrass 将 AWS 扩展到设备上，使得本地生成的数据可以在本地设备上处理。微软在边缘计算领域也有大动作，他们计划未来在物联网领域里投资 50 亿美元，其中就包括边缘计算项目。谷歌发布了两款新产品，以协助边缘网络设备的开发。

我国的三大电信运营商在边缘计算方面也已经展开广泛探索。其中，中国联通于 2018 年 2 月宣布正式启动全国范围内 15 个省市的 Edge-Cloud 规模试点和数千个边缘数据中心的规划建设工作；中国移动在江苏、浙江等地通过核心网来下沉网关，同时分流至 CDN 边缘节点，并探索了一些商用场景；中国电信于 2018 年搭建了一个基于边缘计算 vCDN 概念的验证解决方案环境，同时最终的测试结果也非常理想。

当前，边缘计算在相关理论、技术和系统的积累上，已得到较为广泛的应用。例如，英特尔和阿里云联合为重庆瑞方渝美压铸有限公司打造了工业边缘计算平台，采用了英特尔开发的深度学习算法和从数据采集到协议转换的软件，以及阿里云开发的基于 Yocto 的操作系统 AliOS Things 和边缘计算平台 Link IoT Edge。该边缘计算平台可以运行在工业边缘计算节点，同时将结果聚合并存储在边缘服务器上，再通过阿里云的 Link IoT Edge 实现数据上云。该平台采用的机器视觉解决方案可在 0.695 秒的时间内识别制造缺陷，检测精度接近 100%。

1.3 边缘计算的挑战与机遇

边缘计算在自动驾驶、工业制造、IoT 等领域的应用场景复杂多样。在这些场景中，设备数量多、位置分散、能力异构，这给计算、存储、网络等资源的管理和优化带来困难。云边端协同计算在任务划分、分发调度、服务器间迁移和安全等方面也提出了新挑战。虽然边缘计算的发展和大规模部署面临重重挑战和诸多难题，但也蕴含着诸多研究机遇。边缘计算在与人工智能、5G、区块链技术的结合方面展现出巨大的潜力与研究价值，并能够在智能家居、智慧城市、车联网、互动直播等领域广泛应用。

1.3.1 边缘计算的挑战

目前，边缘计算仍处于起步阶段，用于帮助完善边缘计算研究的相关框架仍未完成。当前的云计算框架，例如 Amazon Web Services、Microsoft Azure 和 Google App Engine，可以支持数据密集型应用程序，但在网络边缘实现实时数据处理仍然属于较为开放的研究领域。此外，在边缘节点上部署应用程序的需求也使我们应该考虑具体场景中会出现的一些问题：何时使用边缘节点，工作负载应该在何处执行，以及如何处理边缘节点的异构性等。下面我们将从不同角度探讨边缘计算中面临的几个主要问题和挑战。

1. 边缘节点的通用计算

边缘计算中的一个问题是如何实现边缘节点的通用计算。虽然理论上我们可以在位于边缘设备和云端之间的若干边缘节点（包括接入点、基站、网关、通信汇聚点、路由器、交换机等）上提供对边缘计算的支持，但实际上由于边缘设备和边缘节点具有数量庞大、分布广、异构等特点，其数据存储和数据处理能力也不尽相同。例如，基站就可能不适合处理分析的任务，因为基站包含的数字信号处理器（Digital Signal Processor，DSP）不是为通用计算而设计的。

除了考虑消除多源、异地、异构等因素带来的影响以外，还需要在此基础上形成统一的接口规范，并解决传输协议、时钟同步等问题。此外，我们一般也很难得知某个边缘节点能否执行其原有工作负载以外的任务。这些都使得实现边缘节点的通用计算变得十分困难。

目前有工作研究通过升级边缘节点的资源以支持通用计算，例如，可以通过升级家庭无线路由器以支持其他工作负载 [1]。英特尔的 Smart Cell Platform

则使用虚拟化来支持额外的工作负载。

2. 任务划分和分配

在一些场景下，边缘计算需要保证一定的服务质量（Quality of Service，QoS）才能充分发挥其优势。其中我们关心的 QoS 指标有时延、吞吐量和可靠性等。在低时延的 QoS 要求下，边缘计算系统需要整合网络中的各种资源，并进行动态调整以降低系统的整体时延，这使得边缘计算中的任务划分和分配调度问题变得尤为重要。传统云计算中，日益复杂的应用程序通常被建模成一系列有依赖关系的子任务构成的有向无环图（Directed Acyclic Graph，DAG），在满足 DAG 的依赖约束下，DAG 展示了决策将应用中的哪些子任务卸载至云端来减少完成整个任务的时延。在诸如移动计算等应用领域，边缘服务器上的任务是在线到达的，未来任务的类型、数量和达到时间的不可知性将大大增加任务分发调度的难度。针对 DAG 的依赖约束、边缘计算分层架构、多通道无线干扰的边缘环境、任务在线调度和分配、任务在服务器之间迁移等问题，已经有许多学者进行了研究 [2–5]。然而，边缘计算系统中的任务划分和分配涉及诸多复杂的软硬件问题，特别在边缘计算平台的大规模实际部署中，将产生更多实际应用问题，因而相关问题还存在较大的研究空间。

3. 分布式存储和协同计算

边缘计算系统中存在中心云与边缘设备、数据中心与基站等类似场景的协同。协同计算牵涉许多问题：云端的数据和服务如何有效地在众多可利用的边缘节点上进行分布式存储（在边缘服务器上的存储数据和安装服务也被称为边缘服务器的配置），数据和服务应该存放在云端还是存放在边缘端，以及如何高效地把云和边缘节点的资源进行整合。在考虑这些问题时，需要根据具体场景识别用户需求，动态地进行调整，同时还需要兼顾边缘节点和边缘设备的不稳定性等特点。另外，随着终端设备（如传感器、移动设备等）的计算、存储、电池性能越来越强大，我们要考虑云边端的协同存储计算。协同存储计算需要在上述约束条件下对整个系统进行全局的优化，这会是边缘计算面临的一大技术挑战。针对这一问题，我们对多个边缘服务器的协同存储计算做了研究 [6]。

4. 边缘节点的公用与安全

边缘节点，如交换机、路由器、基站等设备，在被边缘计算系统用作可公开访问的节点时面临许多挑战。首先，需要明确这些设备使用权的归属，以及未来这些设备可能的使用者将承担的风险。其次，还需要保证在被征用为边缘节点时，这些设备的原预期目的（例如路由器和交换机的转发功能和转发效率）不会受到损害。在多租户共享边缘节点的场景中，需要将安全和隐私保护作为首要考虑因素。在执行用户任务时，容器（Container）就是一种很有潜力的轻量级技术，通过隔离技术可以很大程度上消除多租户场景下的安全隐患。此外，在多租户场景下要保障用户的最低服务级别。同时，和云计算一样，还需要考虑租户任务的工作量，以及数据计算、数据存储、数据传输、能源消耗等方面，以开发出合理的定价模型。

在安全方面，Zyskind [7] 利用密钥共享设计了一种分布式安全多方计算平台。Roman 等人 [8] 对目前几种常见的移动边缘范式进行了安全性分析，阐述了一种通用协作的安全防护体系。

5. 不安全的通信协议

在边缘节点海量、异构、资源受限的场景中，移动设备与边缘节点的通信大多采用短距离的无线通信技术，同时边缘节点与云服务器的通信大多采用消息中间件或网络虚拟化技术，这些协议的安全性一般较差。例如，在工业边缘计算、企业和 IoT 边缘计算场景下，传感器与边缘节点之间存在着众多不安全的通信协议（ZigBee、蓝牙等），缺少加密、认证等措施，容易被窃听和篡改; 在电信运营商边缘计算场景下，边缘节点与用户之间采用的是基于 WPA2 的无线通信协议，云服务器与边缘节点之间采用基于即时消息协议的消息中间件，通过 Overlay 网络控制协议对边缘的网络设备进行网络构建和扩展，这些协议考虑的主要是通信性能，对消息的机密性、完整性、真实性和不可否认性等缺乏保障。

6. 边缘节点数据易被损毁

由于边缘计算的基础设施位于网络边缘，缺少有效的数据备份、恢复和审计措施，导致攻击者可能通过修改或删除用户在边缘节点上的数据来销毁某些证据。在企业和 IoT 边缘计算场景下，以交通监管场景为例，路边单元上的边缘节点保存了附近车辆报告的交通事故视频，这是事故取证的重要证据。罪犯可能会攻击边缘节点伪造证据以摆脱惩罚。此外，在电信运营商边缘计算场景下，一旦边缘节点或者服务器上的用户数据发生丢失或损坏，而云端又没有对用户数据进行备份，边缘节点也没有提供有效机制恢复数据，则用户只能被迫接受这种损失。如果上述情况发生在工业边缘计算场景下，边缘节点上数据的丢失或损坏将直接影响决策过程和批量的工业生产。

7. 身份认证和访问管理不足

身份认证是验证或确定用户提供的访问凭证是否有效的过程。在工业边缘计算、企业和 IoT 边缘计算场景下，许多现场设备没有足够的存储和计算资源来执行认证协议所需的加密操作，需要外包给边缘节点，但这将带来一些问题：终端用户和边缘计算服务器之间必须相互认证，如何制作和管理安全凭证？在大规模、异构、动态的边缘网络中，如何在分布式边缘节点和云中心之间实现统一的身份认证和高效的密钥管理？在电信运营商边缘计算场景下，移动终端用户无法利用传统的公钥基础设施（Public Key Infrastructure，PKI）体制对边缘节点进行认证，该如何进行认证？由于移动终端具有很强的移动性，如何实现在不同边缘节点间切换时的高效认证？此外，在边缘计算环境下，边缘服务提供商要支持分布式远程提供并更新用户基本信息和策略信息，在这种场景下，边缘服务提供商如何为动态、异构的大规模设备用户接入提供访问控制功能？

8. 恶意的边缘节点

在边缘计算场景下，网络实体类型多、数量大，信任情况非常复杂。攻击者可能将恶意边缘节点伪装成合法的边缘节点，诱使终端用户连接到恶意边缘节点，隐秘地收集用户数据。此外，边缘节点通常被放置在用户附近，在基站或路由器等位置，甚至在 WiFi 接入点的极端网络边缘，这使得为其提供安全防护变得非常困难，更有可能发生物理攻击。例如，在电信运营商边缘计算场景下，恶意用户可能在边缘端部署伪基站、伪网关等设备，造成用户的流量被非法监听；在工业边缘计算场景下，边缘计算节点系统大多以物理隔离为主，软件安全防护能力更弱，外部的恶意用户更容易通过系统漏洞入侵和控制部分边缘节点，发起非法监听流量的行为；在企业和 IoT 边缘计算场景下，边缘节点存在地理位置分散、易暴露的情况，在硬件层面易受到攻击。由于边缘计算设备的结构、使用的协议、服务提供商不同，现有入侵检测技术难以检测上述攻击。

1.3.2 边缘计算的机遇

1. 边缘计算结合人工智能

人工智能和边缘计算目前正面临着各自进一步发展的瓶颈。深度学习技术需要进行高密度的计算，基于深度学习的智能算法通常运行于具有强大计算能力的云计算数据中心。考虑到当下移动终端设备的高度普及，如何将深度学习模型高效地部署在资源受限的终端设备，从而使智能更加贴近用户与终端，解决人工智能落地的“最后一公里”已经引起了学界与工业界的高度关注。另一方面，随着计算资源与服务的下沉与分散化，边缘节点将被广泛部署于网络边缘的接入点（如蜂窝基站、网关、无线接入点等）。边缘节点的高密度部署也给计算服务的部署带来了新的挑战：用户通常具有移动性，因此当用户在不同节点的覆盖范围内频繁移动时，计算服务是否应该随着用户的移动轨迹而迁移？这是一个两难问题，因为服务迁移虽然能够降低时延从而提升用户体验，但会带来额外的开销（例如带宽占用和能源消耗）。

人工智能和边缘计算各自的瓶颈可以通过它们二者之间的协同得到缓解。对于深度学习而言，运行深度学习应用的移动设备将部分模型推理任务卸载到邻近的边缘计算节点进行运算，从而协同终端设备与边缘服务器，整合二者的本地计算与强计算能力的互补优势。在这种方式下，由于大量计算在与移动设备邻近的具有较强算力的边缘计算节点上执行，因此移动设备自身的资源与能源消耗以及任务推理的时延都能被显著降低，从而保证良好的用户体验。另一方面，针对边缘计算服务的动态迁移与放置问题，人工智能技术同样大有可为。基于高维历史数据，人工智能技术可以自动抽取最优迁移决策与高维输入间的映射关系，从而当给定新的用户位置时，对应的机器学习模型即可迅速将其映射到最优迁移决策。此外，基于用户的历史轨迹数据，人工智能技术还可以高效地预测用户未来短期内的运动轨迹，从而实现预测性边缘服务迁移决策，进一步提升系统的服务性能。

总体来说，边缘计算和人工智能彼此赋能，催生了“边缘智能”的崭新范式，它是融合网络、计算、存储、应用核心能力的开放平台，并提供边缘智能服务，满足行业数字化在敏捷连接、实时业务、数据优化、应用智能、安全与隐私保护等方面的关键需求。将智能部署在边缘设备上，可以使智能更贴近用户，更快、更好地为用户提供智能服务。

2. 边缘计算结合 5G

5G 提出了三大应用场景：增强型移动宽带（enhanced Mobile Broadband，eMBB）、低时延高可靠通信（ultra-Reliable&Low Latency Communication，uRLLC）、大连接物联网（massive Machine-Type Communication，mMTC）。5G 除了满足人们日益丰富的业务需求，更重要的是驱动传统领域数字化、网络化和智能化升级，赋能社会千行百业。与面向人的业务不同，垂直行业应用更加多样化，对时延、带宽、连接、安全等方面也提出了更高要求，这些极致要求驱动着 5G 将网络、计算、存储、应用等核心能力下沉至网络边缘，边缘计算因而成为 5G 的重要技术基础，也是 5G 服务垂直行业的重要利器。

边缘计算与 5G 相辅相成，5G 的商用化进程推动了边缘计算的快速落地，边缘计算的应用又大大促进了 5G 网络更快、更好地发展。随着 3GPP 对 5G 网络架构的不断拓展和 ETSI 对边缘计算平台功能的逐步完善，5G 边缘计算逐步形成了一套完整的技术体系，5G 边缘计算是边缘基础设施、边缘网络、边缘计算平台以及边缘应用的组合。其中边缘基础设施是边缘计算部署的重要载体，需要提前储备边缘机房并建设配套网络。基于业务选择，5G 边缘计算可以采用通用服务器、定制化边缘服务器以及便携式一体机等不同硬件设备以满足多样化硬件加速要求。例如，对并行计算、大块数据处理场景较多的图像处理、音/视频解码业务使用 GPU；对业务频繁变动，需要具备可编程能力的场景部署 FPGA；对智能摄像头、图像识别等采用典型 AI 算法的边缘应用部署 AI 芯片。针对不具备边缘计算部署条件的场景，还可以考虑采用一站式集装箱边缘基础设施解决方案。

3. 边缘计算结合区块链

区块链是互联网之后信息技术又一次突破，是“价值互联网”的基石。互联网技术实现了信息的高效流通，而区块链技术将实现信任建立和价值传递的新机制，进一步促进社会生产和生活中新型协作体系的建立和完善。区块链技术具有分布式处理、数据防篡改、多方共识等技术特征，实现了去中心化的信任建立、保存和传递能力。分布式是区块链技术的基础，防篡改保证了数据的稳定性和可靠性，透明性多方共识保证了数据的可验证性和可信性。去中心化信任是区块链技术特征的自然结果，确保了价值能够高效、透明、安全、可信地存储和传递。

区块链以其极具潜力的安全特性和分布式特征，能够为边缘计算网络业务提供一套创新解决方案，从而提升业务连续性和安全性、改善网络管理架构和优化业务模式。因此，区块链与边缘计算应用将为网络功能升级和服务质量的突破带来重大机遇。

边缘计算在计算、存储和网络上的分布式特征与区块链的去中心化模式吻合，服务重点均面向企业及垂直应用行业。将区块链的节点部署在边缘节点中，能够拓展边缘计算业务范围，提供服务创新和应用场景创新。边缘计算设施可以为区块链大量分散的网络服务提供计算资源和存储能力，同时保证在大量节点共存情况下的高速传输以满足区块链平台在边缘端的应用诉求。区块链技术为边缘计算网络服务提供可信和安全的环境，提出更加合理的隐私保障解决方案，实现多主体之间的数据安全流转共享和资源高效协同管理，保证数据存储的完整性和真实性，通过可靠、自动和高效的执行方案降低成本，构造价值边缘网络生态。

区块链与边缘计算结合的巨大优势将使二者成为运营商在 5G 时代重要的网络基础设施和创新驱动力。

1.3.3 边缘计算的典型应用

边缘计算通过靠近数据源和用户部署智能化边缘节点，提供满足用户不同需求的可靠服务，特别是能满足对时延敏感、实时性要求高的服务需求。边缘计算在自动驾驶、5G、VR/AR、CDN、车联网、智能物联网（AIoT）、工业制造等领域都有广泛应用。下面我们将以智能家居、智慧城市、车联网以及互动直播为例详细介绍。

1. 智能家居

IoT 技术的先驱应用包括了家庭管控自动化和家用电子产品领域。目前，市场上已有多种智能家居应用，从简单的温度传感器到复杂的自动化系统，如智能照明、清洁和家庭娱乐系统。智能家居产品和应用的日益多样化，使得智能家居网络上产生的数据量越来越大。传统方式下，由于家庭里没有公网 IP 地址，要实现对家居设备的远程操控，必须通过云端的辅助来打通内网和外网的连接壁垒。用户通过手机 App 便携管理家居设备，其实是请求云端去修改各设备的状态信息，云端再将指令下发到对应的智能设备。在这种模式下，所有家居设备的数据均需要上传至云端进行集中处理和存储。在网络带宽受限、网络不稳定的情况下，大量数据传输导致的端到端时延将严重影响用户体验。

而边缘计算能给智能家居提供很好的支撑，一方面，边缘计算可以利用专用可靠的本地服务来处理家居应用产生的大量网络数据，在家庭区域内进行智能设备相关任务处理以及相关应用的升级更新，并与云端协同高效管理家居设备，提供高可靠、低时延的服务；另一方面，边缘计算可以将家居应用数据的处理推送至家庭内部网关，并增加安全访问策略，减少家居应用数据的泄露风险，提升智慧家庭的安全性。目前，国外主流互联网厂商纷纷在智能家居领域展开争夺，推出多款产品，例如苹果 HomeKit、谷歌 Home、亚马逊 Alexa/Echo、三星 SmartThings、百度 DuerOS、阿里 AliGenie/天猫精灵 X1、腾讯云小微/亲见 H2、京东 O2O 平台、小米盒子/中控路由器/台灯等。

与此同时，学界也有大量的学者根据边缘计算的思想研究智能家居系统。曹杰等人[9] 提出了一个适用于智能家居的边缘计算操作系统（Edge Operating System for Home，EdgeOSH）。受边缘计算启发，研究者在家中设置边缘服务器，并提出了 EdgeOSH 的工作模式，利用 EdgeOSH 在网络边缘端对家庭数据进行处理。EdgeOSH 包含多个模块：通信模块负责智能家居设备互联，适配多种智能家居应用的常用协议；数据管理模块管理所有家庭数据，对数据进行融合和处理；自管理模块提供对设备的管理以及对智能家居服务的管理，以期提供智能化的家居环境。研究者认为命名（Naming）和编程接口是智能家居发展中的几个较为关键的问题。因此，研究者提供了编程接口以方便开发者在其上进行开发。同时，命名服务和其他模块进行合作，对资源进行统一的命名，以便更有效地进行管理。

与 EdgeOSH 一样，中国科学院计算技术研究所的徐志伟研究员团队[10]也认为，编程接口在智能家居等 IoT 设备中的应用较为重要。该团队拓展 RESTful 设计风格，将其引入 IoT 设备中。通过 RESTful 风格的接口，即使外部用户也可以方便地访问智能家居设备，从而拉近智能家居系统和传统网络的距离。同时在智能家居边缘端，编程接口利用非侵入式负荷监测（Non-Intrusive Load Monitoring，NILM）技术，关注并分析家庭的用电状况，最终提供更高效的节能方案。

2. 智慧城市

IoT 技术已经从家庭发展到社区，甚至是城市规模的应用。越来越多的组织（如 ECC）基于云边协同的架构，在公共安全、医疗保健、旅游和运输等行业制定智能的发展规划。智慧城市中产生的巨大的物联网数据流量可以在网络边缘进行理想的处理，从而提供低时延的位置感知服务，例如，城市中的摄像头可以将视频流传送到边缘服务器进行实时处理和异常检测。多个边缘服务器之间的协作则可以用来处理不同地理位置上传的数据，例如，医疗保健的应用程序需要与来自医院、药房、保险公司、物流公司和政府等多个实体协作。

3. 车联网

汽车作为人们生活的必需品，已经大量普及和应用。随着车载应用的日益丰富，汽车连接网络的需求愈发强烈，使其从简单的出行或运输工具逐步演变成一个智能互联的计算系统。典型的车联网应用如自动驾驶、车载通信、车辆间的连接、车辆与道路基础设施的连接等，涉及多种类型大量数据（如视频、音频、信号数据）的处理。为了让汽车变得更加安全可靠、高效友好，机器视觉及深度学习等技术被广泛应用于车内的信息系统，例如辅助刹车、防撞系统、车载娱乐系统等。英特尔在 2016 年报告一辆自动驾驶车辆一天产生的数据为 4 TB，这些数据如果均上传至云端处理，必然无法满足车载复杂应用的低时延需求。因此需要将汽车作为一个边缘计算节点，进行本地计算和存储，以减少时延。

汽车不是一个孤立的个体，车与车、车与道路都有着密切联系。汽车将其本地计算的数据与周边车辆和道路基础设施通过边缘网关进行交互，扩大周边环境感知范围，以协调车间驾驶，为驾驶员提供碰撞预警和变道预警，以辅助汽车安全高效的行驶，规避交通事故，如图 1.2 所示。十字路口上的边缘网关通过实时获取周边车辆感知的数据，与云平台进行协同来控制智慧信号灯，为驾驶员提供拥堵预警，实现道路的最大化利用，同时也可以为汽车规划便捷的出行线路。边缘计算是车联网应用中的核心技术，可以为车载和车间系统提供低时延、高可靠的通信，以及利用边缘服务器（边缘网关）的路边信息来解决车辆网络中车辆高移动性的挑战。

图 1.2 智慧城市车联网示例

4. 互动直播

对于直播这种既需要传输大量的视频数据，又对时延有很高要求的场景，边缘计算技术的边缘节点起到了很大的作用，图 1.3 展示了互动直播业务架构。

主播的媒体流推送到邻近的边缘节点，在边缘节点直接进行转码，转码后的媒体流分发到 CDN 边缘节点，当有用户访问时就近返回内容。基于边缘节点的服务、直播流的上下行内容推送以及转码等都不用再回云端的业务调度中心进行处理，大大降低了业务时延，提升了互动体验，同时边缘处理架构对带宽成本的节省也非常明显。以游戏直播为例，具有行业影响力的互动游戏直播平台对视频直播技术有着极高的追求，以满足用户对蓝光画质、低时延、稳定

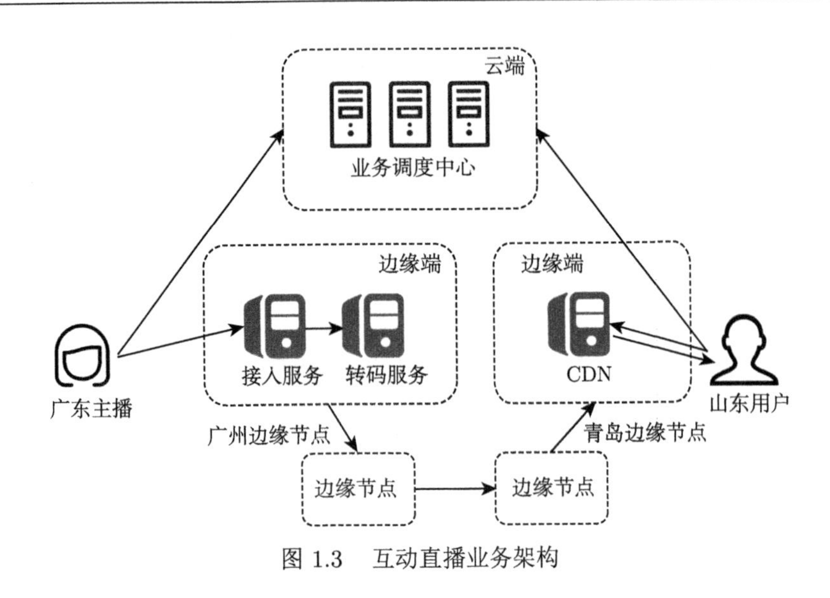

图 1.3 互动直播业务架构

性以及实时互动等方面的要求。直播业务场景具有“高带宽、高并发、计算密集”的特性。边缘云计算服务在主播直播推流时，实现就近节点进行转码和分发，同时支持高并发实时弹幕的边缘分发，减少了云端的压力，为云端节省了 30% 以上的带宽成本，同时获得低时延，实现了边缘节点网络连接时延小于 5 毫秒，提升了视频上行质量和用户观看体验。通过基于边缘计算技术的边缘节点服务（Edge Node Service，ENS）与 CDN 资源协同，边缘计算服务为游戏直播提供稳定可靠的计算和网络服务，实现了弹性伸缩和分钟级交付的能力，具备了规模经济性，为用户节省了带宽成本。

第 2 章　边缘计算的系统架构

边缘计算系统将云计算与边缘计算结合，使得云端的存储和计算能力能够延伸到边缘端，实现边缘资源的远程管控、数据处理、数据分析、智能决策等。要实现这样的系统，离不开近年来不断发展的云原生技术，其核心要素包括但不限于微服务技术、DevOps、持续交付、容器化等，本章将详细介绍这些技术。Kubernetes 是一个使用了上述技术的开源系统，可用于在云平台上自动部署、扩展和管理容器化应用程序。在 Kubernetes 的探索下，一些边缘计算平台也得以发展。本章对现有主流边缘计算平台进行介绍和比较，包括 KubeEdge、AWS IoT Greengrass、腾讯云 IoT 边缘计算平台（IoT Edge Computing Platform，IECP）等。此外，本章还列举了常用的树莓派等跨平台边缘设备，并对这些设备各自的特征和应用领域进行介绍。

2.1　云计算与云原生

本节将简要介绍边缘计算系统架构中的云计算服务模式、边缘计算等基本概念，云原生技术中的微服务、DevOps 等核心要素，用于大规模集群管理的开源系统——Kubernetes 的核心结构，以及 AWS IoT Greengrass 等主流边缘计算平台的平台架构。

2.1.1　云计算与边缘计算

目前，云计算的主要服务模式有基础设施即服务（Infrastructure as a Service，IaaS）、平台即服务（Platform as a Service，PaaS）、软件即服务（Software as a Service，SaaS）3 种，此外还有通信即服务（Communications as a Service，CaaS）、计算即服务（Compute as a Service，CompaaS）、网络即服务（Network as a Service，NaaS）等模式。

IaaS 以服务的方式提供服务器、存储、网络硬件以及相关软件。IaaS 的优点是用户不用自己投资硬件，可按需扩展基础设施规模，以便支持不断变化的工作负载，能灵活、创新而且按需提供服务。例如，Amazon 的 EC2 用于发布网站的 Flexiscale 等。

PaaS 以服务的方式提供应用程序开发和部署平台。PaaS 使云计算服务可以按需提供开发、测试、交付和管理软件应用程序所需的环境。PaaS 旨在让开发人员能够更轻松、快速地构建 Web 或移动应用，而无须考虑开发所需的服务器、存储空间、网络和数据库等基础设施的烦琐的设置和管理。PaaS 的优点在于，开发应用更快，能够使产品更迅速地打入市场，只需数分钟，就可以将新的 Web 应用程序部署到云。典型应用实例有微软 Azure 平台、Google App Engine 平台等。

SaaS 以服务的方式将应用程序提供给互联网终端用户。在该模式下，用户能够访问服务软件及数据，服务提供者则维护基础设施和平台以维持服务正常运作。SaaS 使企业能够借由云服务提供商所提供的硬件、运维等服务来降低 IT 运营费用。另外，由于应用程序是集中供应的，更新可以即时发布，不需要手动更新或安装新的软件。SaaS 的优点是可以在任何已连接的计算机上访问应用和数据，只要数据在云中，即使客户端出现故障，数据也不会丢失。SaaS 的缺点在于，用户的数据存放在服务提供商的服务器上，服务提供商有对这些数据进行未经授权的访问的能力。SaaS 典型应用有餐厅点餐系统、物流软件等。

正如第 1 章中所介绍的，边缘计算是指在网络边缘执行计算的一种新型计算模型，边缘计算中边缘的下行数据表示云服务，上行数据表示 IoT 服务，而边缘计算的边缘是指从数据源到云计算中心路径之间的任意的计算资源和网络资源。边缘计算的流行源于两个行业变化，一个是 5G 和云计算的商用化普及，另一个是企业的数字化转型。边缘计算要求终端设备或者传感器具备一定的计算能力，能够对采集到的数据进行实时处理、本地优化控制、故障自动处理、负荷识别和建模等操作，并把加工处理后的具有更高价值的数据与云端进行交互，在云端进行大数据和人工智能的模式识别、节能优化和策略改进等操作。

2.1.2 云原生技术

2015 年，由谷歌牵头成立了云原生计算基金会（Cloud Native Computing Foundation, CNCF），CNCF 源自一个 Linux 基金会项目，致力于培育和维护一个厂商中立的开源生态系统来推广云原生技术。CNCF 对云原生技术的定义是，云原生技术有利于各组织在公有云、私有云和混合云等新型动态环境中，构建和运行可弹性扩展的应用。云原生技术的代表技术包括容器、服务网格、微服务、不可变基础设施和声明式应用程序接口（Application Program Interface，API）。这些技术能够构建容错性好、易于管理和便于观察的低耦合系统。云原生技术本身并不是一种架构，而是一种基础设施。运行在其上的应用被称作云原生应用，只有符合云原生设计哲学的应用架构才叫云原生应用架构。CNCF 提出，云原生系统应具有三大特征：一是容器化封装，软件应用的进程应该包装在容器中独立运行，以容器为基础，提高整体开发水平，形成代码和组件重用，简化云原生应用程序的维护；二是动态管理，通过集中式的编排调度系统来动态地管理和调度，从根本上提高系统和资源利用率，同时降低运维成本；三是微服务化，明确服务间的依赖，互相解耦，提升应用程序的整体敏捷性和可维护性。

如图 2.1 所示，云原生技术的四大核心要素分别是微服务、DevOps、持续交付以及容器化。

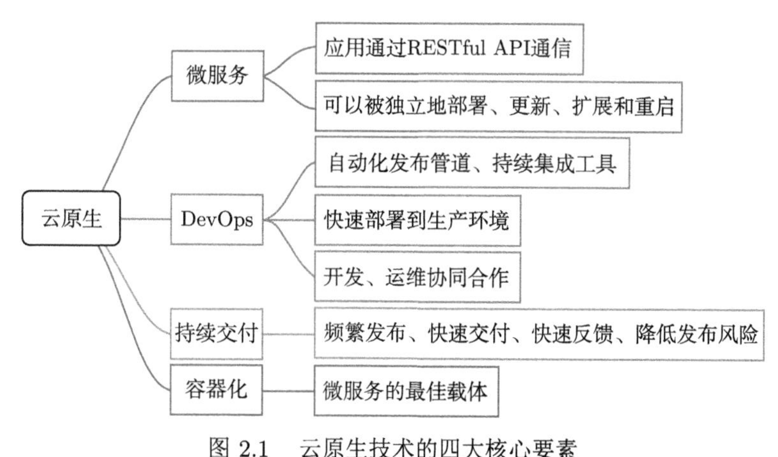

图 2.1 云原生技术的四大核心要素

1. 微服务

微服务是独立部署的、原子性的、自治的业务组件，业务组件彼此之间通过消息中间件进行交互，业务组件可以按需独立伸缩、容错、进行故障恢复。

通过将整体服务拆分成单独的服务，小型团队可专注于自己负责部分的功能开发和上线，运维团队也可根据服务的调用情况进行弹性的扩缩容。相比于早期的单体式架构和中期的面向服务的架构（Service Oriented Architecture，SOA），微服务在很大程度上解决了“巨无霸”应用的问题。微服务以专注于单一责任与功能的小型功能区块为基础，利用模块化的方式组合出复杂的大型应用程序，各功能区块使用与语言无关的 API 相互通信。

为了更好地解释微服务的概念，可以将微服务与单体式应用程序进行对比。对于单体式应用，一个应用程序内包含了所有需要的业务功能，若要对单体式应用程序进行扩展，则必须将整个应用程序都放到新的运算资源内。然而，应用程序中需要运算资源的仅是某个业务部分，但在单体式应用中，无法将该部分分割出来。微服务的规划与单体式应用程序不同，微服务中每个服务都尽力避免与其他服务产生依赖，在其他服务发生错误时该服务不受干扰。

微服务的特点之一是运用了以业务功能为主的设计概念，每一个服务都具有自主运行的业务功能，对外开放 API，应用程序则是由一个或多个微服务组成。应用程序在设计时就能先以业务功能或流程设计进行分割，将各个业务功能都独立成一个能自主运行的服务，然后再利用相同的协议将应用程序需要的所有服务组合起来，构成一个应用程序。若需要针对特定业务功能进行扩展，只要对该业务功能的服务进行扩展即可。同时，由于微服务是以业务功能导向来实现的，因此不会受到应用程序的干扰。接下来，将介绍微服务中的数据库规划、通信与事件广播、服务探索等技术特点。

（1）数据库规划

微服务中，主要有以下 3 种数据库的规划方式。第一种，每个服务都各有一个数据库，同属性的服务可共享同一个数据库。第二种，所有服务都共享同一个数据库，但是位于不同表格中，并且不会跨域访问。第三种，每个服务都有自己的数据库，数据库不共享。

（2）通信与事件广播

微服务中最重要的就是每个服务的独立与自主，因此应尽量减少通信。若必须通信，也应采用异步通信的方式，来避免依赖性问题。为了避免产生依赖，可以使用事件存储中心和消息队列两种方式。

事件存储中心（Event Store）允许在服务集群中广播事件，并在每个服务中监听这些事件并进行处理。这使得服务之间没有依赖性，且能保证这些发生的事件都会被保存在事件存储中心里。通过这种方式，当微服务重新上线、部署时，可以重播所有的事件。因此，微服务的数据库随时都可以被删除，且不需要从其他服务中获取资料。

消息队列（Message Queue）在 A 服务中广播一个“创建新用户”的事件，这个事件可存储新用户相关信息。而 B 服务可以监听这个事件，并在接收到之后进行处理。这些过程都是异步的，这意味着 A 服务并不需要等到 B 服务处理完该事件后才能继续，而 A 服务也无法获取 B 服务的处理结果。与事件存储中心相比，消息队列并不会保存事件。一旦事件被接收后就会从队列中消失。

（3）服务探索

单个微服务在上线的时候，会主动向服务探索中心注册自己的 IP 地址和服务内容。当服务需要调用目标服务的时候，会向服务探索中心询问目标服务的 IP 地址，得到 IP 地址后即可直接调用目标服务。

这样就可以将所有服务的 IP 地址集中起来，服务探索中心可以每隔一段时间就通过传输控制协议（Transmission Control Protocol，TCP）调用等方式对微服务进行健康检查，倘若某个服务在规定时间内没有回应，则将其从服务探索中心移除，避免其他微服务对一个无回应的服务进行调用。

2. DevOps

DevOps 即研发运维一体化，是一种新的团队工作方式和新的技术理念，通过自动化流程使得软件开发过程更加快捷和可靠。

传统的软件开发过程，包含前期的市场规划、产品规划，开发过程中的编码设计、编译构建，以及最后的部署测试、发布上线、后期维护等阶段。在整个开发过程中，产品经理、开发人员、测试人员、运维人员在不同时期介入，团队之间沟通成本高，软件交付周期长。DevOps 将整个软件开发、测试、运维过程一体化，在每完成一个需求后便可以进行测试、上线部署，能够达到快速验证需求的目的。DevOps 开发模式下，团队人员全程参与市场规划、产品规划、代码设计、编译构建、测试部署、上线发布、后期维护等过程，通过团队协作，有利于实现敏捷开发、持续集成和持续交付的目的。云计算时代，强调的是服务的拆分和精细化的分工，虚拟化、容器、微服务等新的技术理念奠定了 DevOps 落地的基础条件，只有当服务拆分得原子化了，整个团队密切合作的成本才会降低，才能实现云端应用的快速迭代。

3. 持续交付

持续交付即一直在交付。在难以确定未来的开发需求或确定开发需求的时间较长的情况下，持续交付的理念能够大幅度地缩短开发时间。在确定需求的过程中，整个市场可能已经发生了变化，为了快速地验证需求、上线部署，往往在生产环境上会部署多个版本，从而也产生了多种发布部署方式，例如灰度发布、蓝绿发布。图 2.2 展示了灰度发布，当新的需求开发完成后，让一部分用户先使用新版本，其他用户继续使用老版本，若新版本运行一段时间后没有出现问题，再将所有用户迁移到新版本。图 2.3 展示了蓝绿发布，蓝绿发布将全站应用划分为对等的甲、乙两部分，升级时将甲从负载均衡器里删除，进行新版本的部署，乙仍然继续提供服务。当甲升级完成后，负载均衡重新接入甲，再把乙从负载列表中删除，进行新版本的部署，甲重新提供服务。最后乙升级完成，负载均衡重新接入乙。此时甲、乙两部分版本都升级完成，并且都对外提供服务，保障整个过程对用户无影响，出现问题时，可以及时回退上一个版本。通过灰度发布和蓝绿发布的方式，可以快速地验证用户需求，根据用户情况规划产品演变方向，实现了云计算时代的快速迭代。

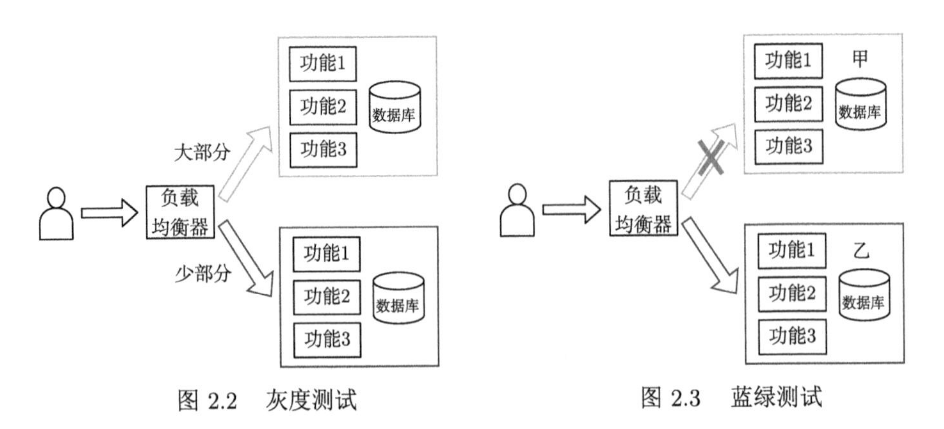

图 2.2 灰度测试　　图 2.3 蓝绿测试

4. 容器化

容器化是指将软件代码和所需的所有组件（例如库、框架和其他依赖项）打包在一起，让它们隔离在自己的“容器”中。通过这种方式，容器内的软件或应用就可以在任何环境和任何基础架构上一致地移动和运行，不受该环境或基础架构的操作系统影响。起初，应用程序全运行在物理机上，这种方式会产生资源分配不均匀的问题，即使一个小应用也要耗费与大型应用相同的计算存储资源。在虚拟化技术发展起来后，可以将物理机划分为多个虚拟机，这样可以实现在一台物理服务器上运行多个虚拟服务器，实现了资源利用率的提升。而云计算时代的到来，要求应用要原子化开发、快速迭代、快速上线部署，但虚拟化技术不能保障应用在开发环境、测试环境、生产环境上都保持一致，容易使应用因环境的问题而产生缺陷，容器技术的出现在很大程度上解决了这个问题。容器技术来自于英文 Container。Container 即集装箱、容器，集装箱的特点在于其规格统一，可层层堆叠。在 Linux 系统中，Linux 容器（Linux Container，LXC）是一种轻量级内核的操作系统层虚拟化技术。实现 LXC 的主要保障是 Namespace 和 Cgroup 两大机制。其中，Namespace 用于容器间隔离，Cgroup 负责管理容器的资源使用情况，例如进程组使用 CPU/内存的限制、进程组的优先级控制、进程组的挂起和恢复等。

在容器技术出现之后，开发人员将代码、相关运行环境构建成镜像，测试人员在宿主机上下载服务镜像，使用容器启动镜像，运行服务进行测试。测试无误后，运维人员申请机器，拉取服务器镜像，在一台或多台宿主机上同时运行多个容器，对用户提供服务。在这个过程中，每个服务都在独立的容器中运行，每台机器上都运行着相互不关联的容器，容器共享宿主机的 CPU、磁盘等资源。通过这种方式，实现了进程隔离，即每个服务独立运行；文件系统隔离，即修改容器目录不影响主机目录；资源隔离，即 CPU、内存、磁盘等资源独立。使用容器技术，研发团队可以将微服务及其所需的所有配置、依赖关系和环境变量移动到全新的服务器节点上，而无须重新配置环境，这样就实现了强大的可移植性，实现了云计算时代的资源最大化利用。

可以将容器技术与硬件抽象层虚拟化技术进行对比。在使用传统的虚拟化技术时，创建环境和部署应用困难，且应用的可移植性差，例如要把 VMware

里的虚拟机迁移到 Linux KVM 中，需要做镜像格式的转换，步骤烦琐。而容器有轻量级、易于移植和弹性伸缩等特点，可以快速地完成迁移过程。容器只打包了必要的 Bin/Lib 文件，可以在几秒的时间内完成部署，根据镜像的不同，容器甚至可以在几毫秒的时间内完成部署。容器可以一次构建，随处部署，除此之外，Kubernetes、Swam、Mesos 这类开源、易用的容器管理平台有着非常强大的弹性管理能力。

Docker 是基于 Go 语言并遵从 Apache 2.0 协议开源的应用容器引擎。通过 Docker，开发者可以将应用及其依赖包打包到一个轻量级、可移植的容器中，然后发布到 Linux 机器上。Docker 完全使用沙箱机制，相互之间没有接口，且性能开销极低。Docker 包括镜像、容器、仓库 3 个基本概念。Docker 镜像，相当于一个 root 文件系统，例如官方镜像 Ubuntu 16.04 中就包含了一套完整的 Ubuntu 16.04 最小系统的 root 文件。镜像和容器的关系为面向对象程序设计中的类和实例，镜像是静态的定义，容器是镜像运行时的实体，容器可以被创建、启动、停止、删除、暂停。仓库可看成一个代码控制中心，用来保存镜像。

微服务、DevOps、持续交付以及容器化都是云原生不可缺少的部分，而云原生也是云计算发展的必然趋势。

2.1.3　Kubernetes 概述

Kubernetes 是谷歌内部早年用于大规模集群管理的 Borg 系统的开源版本，用于管理云平台中多个主机上的容器化的应用。与 Docker Swarm、Mesos 等容器编排工具相比，Kubernetes 的生态系统更完善、发展更快，有更多的技术支持、服务和工具可供用户选择。

在 Kubernetes 中，**集群**由一组节点组成，这些节点可以是物理服务器或虚拟机。节点分为 **Master** 和 **Node**。Master 负责整个集群的资源管理、Pod 调度、弹性伸缩、安全控制、系统监控和纠错等。Node 是集群中的工作节点，运行真正的应用程序。在 Node 中，Kubernetes 管理的最小运行单元是 Pod，在 Node 上运行着 Kubernetes 的 kubelet、kube-proxy 服务进程，这些服务进程负责 Pod 的创建、启动、监控、重启、销毁，以及实现软件模式的负载均衡。配置好相关进程后，Node 可被动态地添加到集群中，通过 kubelet 自动向 Master 节点注册自己。Node 的 kubelet 会定期给 Master 汇报自身情况，如果 Master 长时间收不到某个 Node 的信息，则认为该 Node 失联。

Service 是 Kubernetes 集群架构的核心，Service 具有以下 4 个特点：有唯一名称；有虚拟 IP 地址和端口号；能够提供远程服务能力；可以被映射到提供服务能力的一组容器应用上。Service 的服务进程目前都基于 Socket 通信方式对外提供服务，例如 Redis、Memcache、MySQL、Web 服务器，或者是实现了某个具体业务的特定 TCP Server 进程。

Pod 运行在节点中，通常一个节点上运行着几百个 Pod。Kubernetes 将每个服务进程都包装到相应的 Pod 中，使其成为在 Pod 中运行的一个容器。一个 Pod 内可以有多个服务进程，也对应运行着多个容器。在每个 Pod 中都运行着一个特殊的被称为 Pause 的容器，其他容器则为业务容器，这些业务容器共享 Pause 容器的网络栈和挂载卷，因此它们之间的通信和数据交换更为高效。

2.1.4 主流边缘计算平台

KubeEdge 基于 Kubernetes 构建，可将本机容器化的业务流程和设备管理扩展到边缘端的主机。KubeEdge 是一个开源系统，它为网络、应用程序部署以及云端与边缘端之间的元数据同步提供核心基础架构支持。KubeEdge 的主要目标是将 Kubernetes 生态系统从云端扩展到边缘端。在本书的后序章节中，将以 KubeEdge 这个边缘计算平台为例，对其设计理念、系统实现以及部署实验展开详细介绍。

AWS IoT Greengrass 是 AWS 的 IoT 云解决方案，能将云功能扩展到本地设备。这使得本地设备可以更靠近信息源来收集和分析数据，自主响应本地事件，同时在本地网络上彼此安全地通信。本地设备还可以与 AWS IoT Greengrass Core 安全通信并将 IoT 数据导出到 AWS 云。AWS IoT Greengrass 开发人员可以使用 AWS Lambda 函数和预构建的连接器来创建无服务器应用程序，并将这些应用程序部署到设备上进行本地执行。

AWS IoT Greengrass 基本架构如图 2.4 所示，包含以下功能或组件：Core 软件、Core 软件开发工具包（Software Development Kit，SDK）、云服务、Lambda 函数、消息管理器、数据管理、安全策略和发现服务等。

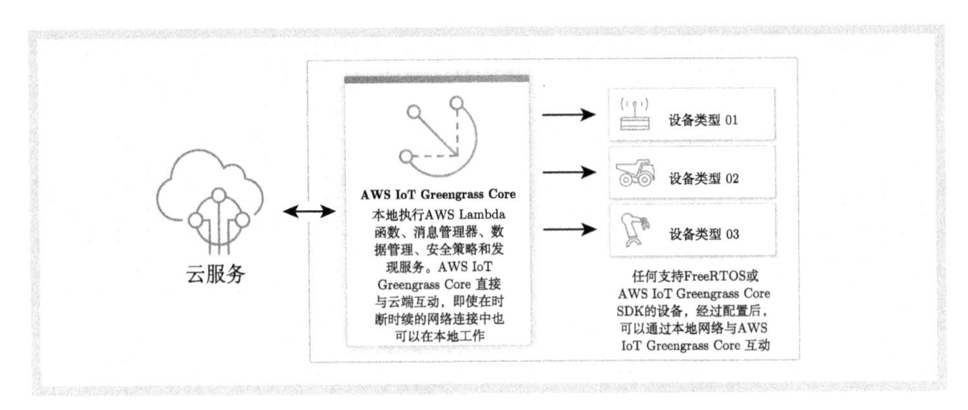

图 2.4 AWS IoT Greengrass 基本架构

在设备端应用程序方面，对于设备上运行的应用程序逻辑，AWS IoT Greengrass 提供基于云端的管理，在本地部署的 Lambda 函数和连接器通过本地事件以及来自云端或其他来源的消息触发。在消息传递方面，设备可在本地网络上安全地通信，而不必连接到云端。AWS IoT Greengrass 提供了一个本地发布/订阅消息管理器，该管理器可在丢失连接的情况下智能地缓冲消息，使云端的入站和出站消息得到保留。AWS IoT Greengrass 通过如下方式来保护用户数据：对设备进行验证和授权；在本地网络、本地与云端之间使用安全连接。除此之外，在撤销设备安全凭证之前，设备安全凭证在组中一直有效，即使与云端的连接中断，设备可以继续在本地安全地进行通信。

借助 AWS IoT Greengrass，用户可以构建 IoT 解决方案，从而将不同类型的设备与云端连接起来，实现设备互连。运行 Linux 的设备（包括 Ubuntu 和 Raspbian 等发行版）和支持 ARM 或 X86 架构的设备均可以托管 AWS IoT Greengrass Core。AWS IoT Greengrass 可在本地执行 AWS Lambda 函数、消息管理器、数据管理、安全策略和发现服务。运行 AWS IoT Greengrass Core 的设备充当枢纽，与其他运行 FreeRTOS 或已安装 AWS IoT 设备开发工具包的设备进行通信。这些设备的尺寸可能不同，支持较小的基于微控制器的设备和大型设备。可对 AWS IoT Greengrass Core 设备、支持 AWS IoT Greengrass Core SDK 的设备和 FreeRTOS 设备进行配置，以在 AWS IoT Greengrass 组中相互通信。如果 AWS IoT Greengrass Core 设备与云端之间的连接断开，AWS IoT Greengrass 组中的设备还可通过本地网络继续相互通信。

总的来说，利用 AWS IoT Greengrass 能够更快地构建智能设备，更方便地大规模部署设备软件，通过 AWS Lambda 函数实现简化的设备编程，能够降低运行 IoT 应用程序的成本。

腾讯云 IoT 边缘计算平台 IECP 能够快速地将腾讯云存储、大数据、AI、安全等云端计算能力扩展至距离 IoT 设备数据源头最近的边缘节点，如图 2.5所示。IECP 可以帮助用户在本地的计算硬件上创建可以连接 IoT 设备，能够转发、存储、分析设备数据的本地边缘节点。通过打通云端函数计算、机器学习计算、流式计算等计算服务，用户可以方便地在本地使用云函数、AI 模型、流式分析等功能对设备数据进行处理与响应，达到降低用户运维、开发、网络带宽等成本的目标。

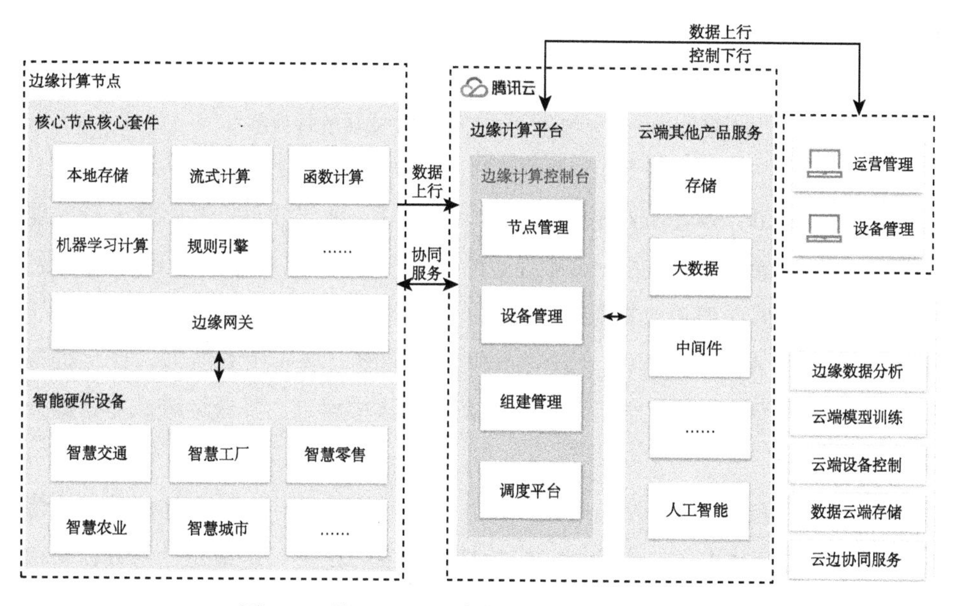

图 2.5 腾讯云 IoT 边缘计算平台 IECP 架构

华为智能边缘平台 IEF 通过管理用户的边缘节点，将云端应用延伸到边缘端，联动边缘端和云端的数据，满足客户对边缘计算资源的远程管控、数据处理、分析决策、智能化管理的诉求，如图 2.6 所示。与此同时，在云端提供统一的设备应用监控、日志采集等运维功能，为企业提供完整的边缘端和云端协同的一体化服务的边缘计算解决方案。对于边缘节点管理，IEF 支持接入海量的边缘节点，在 IEF 中可以自动生成边缘节点的配置信息，能够高效、便捷地纳管边缘节点，所有边缘节点可以在云端统一管理、监控和运维。对于边缘设备管理，IEF 支持设备连接到边缘节点（非直连）或连接到 IEF（直连），支持设备通过消息队列遥测传输（Message Queuing Telemetry Transport，MQTT)、Modbus 和 OPC UA 等协议接入 IEF。设备接入后，可以对设备进行统一管理。

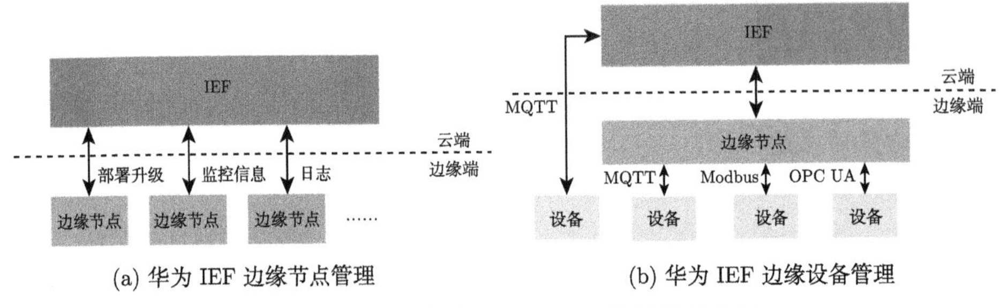

(a) 华为 IEF 边缘节点管理　　(b) 华为 IEF 边缘设备管理

图 2.6　华为智能边缘平台 IEF 边缘管理机制

阿里云 Link IoT Edge 是一款云边一体的 PaaS 层软件产品，将云端的能力下沉到边缘端，解决边缘在实时性、可靠性、运维经济性等方面遇到的问题。该平台南向提供通信协议框架为软硬件开发者提供便捷的通信协议开发能力，北向通过开放 API 为 SaaS 开发者提供快速构建云端应用的能力。在运维方面，云端提供一体化的运维工具，可以在云端集中运维，降低运维成本，提升运维效率。

Link IoT Edge 拥有设备广泛接入、远程监控运维、云边一体计算、边缘网关集群、边缘热主备、边缘智能等特性。设备广泛接入是指通过函数计算或者驱动编程方式将设备快速接入边缘计算节点，支持使用 C 语言、Python 和 Node.js 等语言进行开发。远程监控运维是指云端可视化地查看本地物理设备和计算资源的运行情况，支持配置告警规则，支持远程访问设备控制台和文件系统进行运维。云边一体计算是指云端配置、管理计算规则和本地业务应用，通过部署功能同步到边缘网关并自动运行。边缘网关集群，即支持多网关协同接入设备，支持分布式计算，通过灵活配置计算的优先级，可以分布式接入设备数据的同时进行集中式计算。边缘热主备是指，通过本地双机热备份方式防止单点故障导致业务应用发生故障，主备切换逻辑可配置，切换事件记录在云端。边缘智能，即通过边缘 AI 框架支撑本地 AI，提供容器化的管理能力，灵活配置容器与外设的映射。

2.2 云边协同架构

边缘计算会将基础设施资源进行分布式部署，再统一管理，计算、存储资源相对丰富的部署点称为中心云，计算、存储资源相对有限的部署点称为边缘节点。中心云管理多个边缘云、工业 PC 和大量的网关，边缘节点由于部署在边缘端，通常只有数台服务器组成，但是终端的各类设备是通过边缘端接入边缘平台的，因此，边缘端资源短缺的压力比较大。在医疗、工业、车联网等场景中，许多终端、传感器通过网络接入边缘云，给边缘节点提出了更高的要求。因此，如何进行平台内云边协同变得十分重要。

云边协同应该包含资源、安全策略、应用管理、业务管理等方面的协同，除此之外，边缘端还应能够进行离线自治。

资源协同，包括计算、网络、存储等基础设施资源的协同，这些资源不仅限于物理资源，也包括使用虚拟化技术获得的虚拟资源。计算资源协同在边缘节点计算资源不足的情况下，调用中心云的资源满足边缘端应用对资源的需要。网络资源协同是指边缘节点与中心云间可能存在多条链路，在距离最近的链路发生网络拥塞时，网络控制器可将流量引入相对空闲的链路上，而控制器通常部署在中心云上，网络探针则部署在中心云的边缘。存储资源协同是指在边缘节点中存储不足时，将一部分数据转存到中心云上，在应用需要时再进行下载，从而达到节省边缘端存储资源的目的。

安全策略协同向边缘节点提供接入端的防火墙、安全组等安全策略。中心云提供了包括流量清洗、流量分析等更为完善的安全策略。在安全策略协同的过程中，中心云如果发现某个边缘节点存在恶意流量，可以对其进行阻断，防止恶意流量在整个边缘云平台中扩散。

应用管理协同，边缘节点可提供网络增值应用的部署与运行环境，中心云能够实现对边缘节点增值网络应用进行生命周期管理，包括应用的推送、安装、卸载、更新、监控及管理日志等。中心云可以在不同的边缘节点上启动已经存在的应用镜像，完成对应用的高可用保障和热迁移。

业务管理协同是指边缘节点能够提供网络增值业务应用实例，中心云能够提供网络增值业务应用的统一业务编排能力，能达到按需为客户提供相关网络增值业务的目的。由于边缘节点的资源紧张，中心云可以识别应用的优先级，从而对业务进行按优先级的分类和处理。

离线自治是指在边缘计算中，边缘节点和中心云通过公网连接，在网络信号较差甚至中断的情况下，边缘计算系统应具有离线自治能力。当某个边缘节点因为网络原因暂时离线之后，应保证服务不离线，此时云端服务器应根据配置文件，选择等待边缘节点重新连接，或将离线节点的服务迁移到其他边缘节点上，进行重新部署。

对于边缘计算来说，不同于整合了大量资源的云计算平台，边缘云平台更是一个分布式的平台，因此云边协同的特征是边缘计算的主要特征之一。云边协同包含了各种协议和功能，涉及云计算的多个方面。因此，在边缘计算的发展过程中，围绕云边协同展开研究具有重要意义。

2.3 跨平台边缘设备

边缘计算在实际系统中的应用同样离不开跨平台边缘设备的发展，如树莓派、英伟达 Jetson Nano、Google Edge TPU、华为 Atlas 等，本节简要介绍其中的树莓派、Jetson Nano 等设备的特征和应用领域。

2.3.1 树莓派

树莓派（Raspberry Pi）是为面向学生的计算机编程教育而设计的卡片式计算机，树莓派基于 Linux 系统，并且面积接近信用卡的大小。

图 2.7 展示了树莓派 4，树莓派 4 相较于上一代的树莓派 3B+ ，有如下更新：增加了两个 USB 3.0 接口，百兆网口升级为千兆网口，内存有了 3 种选择（2GB/4GB/8GB），支持双 4K HDMI 视频输出，CPU 架构更新为高通 A72。

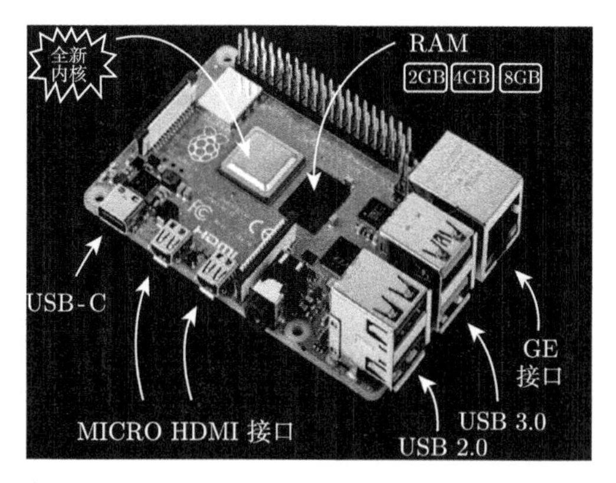

图 2.7 树莓派 4

2.3.2 Jetson Nano

Jetson Nano 是一款体积小巧、功能强大的人工智能嵌入式开发板，于 2019 年 3 月由英伟达推出。Jetson Nano 预装 Ubuntu 18.04 LTS 系统，搭载英伟达研发的 128 核 Maxwell GPU，可以快速将 AI 技术落地并应用于各种智能设备。相比于 Jetson 之前的几款产品，如 Jetson TK1、Jetson TX1、Jetson TX2 和 Jetson Xavier，Jetson Nano 售价较低，大幅减少了人工智能终端的研发成本。Jetson Nano 如图 2.8 所示。

图 2.8 Jetson Nano

Jetson Nano 体型小巧，性能强大，价格实惠，整体采用类似树莓派的硬件设计，支持一系列流行的 AI 框架，并且英伟达投入了大量的研发精力为其打造了与之配套的 Jetpack SDK，通过该 SDK 可以使学习 AI 技术和开发 AI 产品变得更加简单和便捷。作为专为 AI 开发而设计的设备，其性能比树莓派更强大，可为机器人终端、工业视觉终端提供足够的 AI 算力。除此之外，Jetson Nano 提供了 472 GFLOP（即 Gigaflops，每秒 10 亿次浮点运算数）的计算能力，支持高分辨率传感器，可以并行处理多个传感器，并可在每个传感器流上运行多个现代神经网络。英伟达 JetPack SDK 中包括用于深度学习、计算机视觉、GPU 计算、多媒体处理等的板级支持包，此外还包括 CUDA、cuDNN 和 TensorRT 软件库。Jetson Nano 支持一系列流行的 AI 框架和算法，例如 TensorFlow、PyTorch、Caffe/Caffe2、Keras、MXNet 等，使开发人员能够简单快速地将 AI 模型和框架集成到产品中，轻松实现图像识别、目标检测、姿势估计、语义分割、视频增强和智能分析等强大功能。

目前 AI 开始逐步进入落地应用阶段，更多产品希望能够将 AI 算力运用于实际需求。从根本上来说，近几年推动 AI 发展的核心在于深度学习算法，但是深度学习的推理加速离不开高速 GPU 的支持，而一般桌面 PC 或服务器级别的显卡价格非常昂贵，且体积也过于庞大，不适合在边缘计算场景中应用。因此，英伟达推出的这款嵌入式 AI 开发板 Jetson Nano 非常契合当前行业需求。

2.3.3 华为 Atlas

2019 年，华为正式推出基于昇腾 AI 芯片的 Atlas AI 计算平台，即针对 AI 全场景的解决方案。华为 Atlas AI 计算平台通过模块、板卡、小站、一体机等丰富的产品形态，打造面向“端、边、云”的全场景 AI 基础设施，可广泛用于智慧城市、运营商、金融、互联网、电力等领域。

Atlas AI 计算平台包括 Atlas 200 AI 加速模块、Atlas 300 AI 加速卡、Atlas 200 DK AI 开发者套件、Atlas 500 智能小站、Atlas 800 AI 服务器等多款产品。这些产品可以应用于公共安全、运营商、金融、互联网、电力等行业。例如，Atlas 200 AI 加速模块可以用于摄像头、无人机等终端，半张信用卡大小的芯片就可以支持 16 路高清视频实时分析。

图 2.9 展示了 Atlas 500 智能小站。Atlas 500 智能小站是面向边缘应用的产品，采用昇腾 310AI 芯片，使用 LPDDR4X 内存，可选 4GB 或 8GB 版本，具有计算性能强、体积小、环境适应性强、易于维护和支持云边协同等特

点，可以在边缘环境广泛部署，满足在公路、社区、园区、商场、超市等复杂环境中的应用需求。AI 算力最高可达 22/TOPS INT8，且支持 20 路高清视频处理（1080P 25FPS）。Atlas 500 智能小站支持 LTE 无线传输，模型能够得到实时更新，可在云端统一进行设备管理和固件升级。Atlas 500 智能小站接口丰富，有 2 个 GE RJ45 网络接口，1 个 HDMI 接口，1 对 3.5 毫米立体声输入输出接口，2 个外部和 1 个内部 USB 2.0 接口。

图 2.9　Atlas 500 智能小站

第 3 章　云边端协同

本章主要介绍了在线算法、分布式算法、（深度）强化学习和定价策略的理论知识，以及这些算法在云边端协同方面的运用。同时介绍了计算卸载、缓存管理、移动性管理和竞争定价这几个边缘计算关键技术。计算卸载主要运用卸载决策，使终端设备将部分或全部计算任务卸载到资源丰富的边缘服务器，以解决终端设备在存储资源、计算性能以及能效等方面存在的不足。缓存管理可以减少遍历访问，降低核心移动网络的请求次数，并减少原始服务器的负载，否则原始服务器必须在没有边缘缓存的情况下直接响应所有请求。移动性管理可以让用户快速发现周围可利用的计算资源以及保证用户移动过程中服务的连续性。竞争定价是对边缘端的设备、资源等进行定价，可以为边缘服务提供商创造更高的经济收益，起到推动边缘计算发展的作用。

3.1　云边端协同概述

在过去的几十年中，互联网和无线通信技术的发展极大地方便了人们日常生活中的信息交流。与此同时，全球移动终端的数量正呈指数增长，思科公司发布的报告预测 [11]，2023 年全球将有 293 亿台终端设备接入网络，万物互联已成为无线通信网络和互联网发展的主要趋势。这些设备将持续在网络边缘端产生海量数据和计算任务，处理海量数据和各类异构任务也将成为未来互联网和无线通信系统的关键能力。其中，**高传输速率**和**低响应时延**将成为未来互联网和无线通信网络的两个关键性能指标。这意味着性能强大的计算设备既需要处理大量的数据，同时还需要高传输速率的传输链路来传输数据流量。

在无线通信系统领域，超密集网络（Ultra Dense Networks，UDN）、大规模多输入多输出（Multiple-Input Multiple-Output，MIMO）和高频通信等技术已被视为满足未来无线通信不断增长的需求的有效手段。通过利用这些技术，5G 在容量方面相比 4G 有显著的提高，并有望在数据传输速率、网络可靠性、频谱和能源效率等方面实现明显改善。因此，以 5G 系统为基础构建的未来无线通信系统将向人类提供更为强大的功能，并能够传输各种通信设备生成的大规模的数据流量。

自第一台计算机 ENIAC 问世以来，计算机、互联网和信息技术的发展使人们进入了信息爆炸时代。在过去的几十年中，为了不断满足人类在各领域对计算的需求，计算机科学家们设计出各类计算架构和范式，以应对不同场景和异构数据并提供服务。如今，随着大数据时代的到来，传统的计算模式逐渐无法满足现实世界中人们的各种需求。因此，计算机网络、计算模式、存储模式和应用模式都需要进行革命性的改变。从计算机的诞生开始，计算模式的发展依次经历了单计算机计算、集群计算、网络计算和云计算的阶段。集群计算的出现解决了单计算机无法处理大量数据计算服务的问题，在此基础上，为了提高集群计算业务处理能力的异构性、动态性、分布能力和可伸缩性等，业界提出了更加灵活的网络计算。但是，尽管可以提供相比集群计算更为强大的计算能力，网络计算仍然不能满足因移动设备和数据流量呈指数增长而不断增长的计算需求。

在网络计算的基础上，具有集中式计算特征和存储资源的云计算应运而生。云计算被视为第二代网络计算，并且被认为是 21 世纪最有前途的技术之一，它提供了强大的计算和存储功能来应对计算挑战。云计算可以通过广域网（Wide Area Network，WAN）为终端用户提供弹性服务和数据密集型分析，因此，无须构建新的计算基础结构就可以向用户提供接近无限的资源。云计算相关技术也在近几年趋于成熟，并逐渐拥有庞大市场，2020 年，阿里巴巴云计算业务营业收入就达到 400 亿元人民币的规模。然而，尽管云计算可以实现资源的集中化管理和维护，却很难妥善满足终端用户的一些服务需求，云计算面临服务的响应时延较大、网络带宽消耗较大、缺乏定制化的应用服务，以及用户的隐私面临风险等问题。

为了解决这些问题，近几年相继出现了若干新的网络计算范式，以向终端用户提供更为优质的计算服务。包括雾计算（Fog Computing），移动边缘计算（Mobile Edge Computing，MEC）和微云（Cloudlet）在内的新兴网络计算范式已在业界和学术界引起了广泛关注。这些范式使用具有有限计算资源的小型边缘服务器，可以及时地向网络边缘的终端用户提供服务。这种情况下，边缘服务器可以是临时设备，例如智能手机、笔记本计算机、高级路由器或微型服务器，也可以是用户附近的基础设施，例如宏基站和微小基站。雾计算、MEC 和微云都可以视为将云服务扩展到了网络边缘，因为它们利用了类似的计算卸载和存储管理方案。这些计算范式都强调在边缘为终端用户提供服务，并在 IoT 中为对时延敏感的应用程序提供服务。

受这些新兴计算范式的推动，我们很可能会看到可以彻底改变当前云计算架构的分层计算架构，如图 3.1 所示。它由云中心、部署在网络边缘的众多边缘服务器和大量分布式终端设备组成。目前，大多数应用程序并没有将这些不同层级的设备视为独立的部分，而是要求它们全部精心组织，以便在不同的时间和空间范围内提供可靠的服务。例如，在机场监视应用程序中，边缘服务器可以在将整个批次的数据上传到中央服务器之前分析和过滤视频流，这可以显著减少 WAN 上的流量并减轻中央服务器的负担，同时不会造成性能损失。

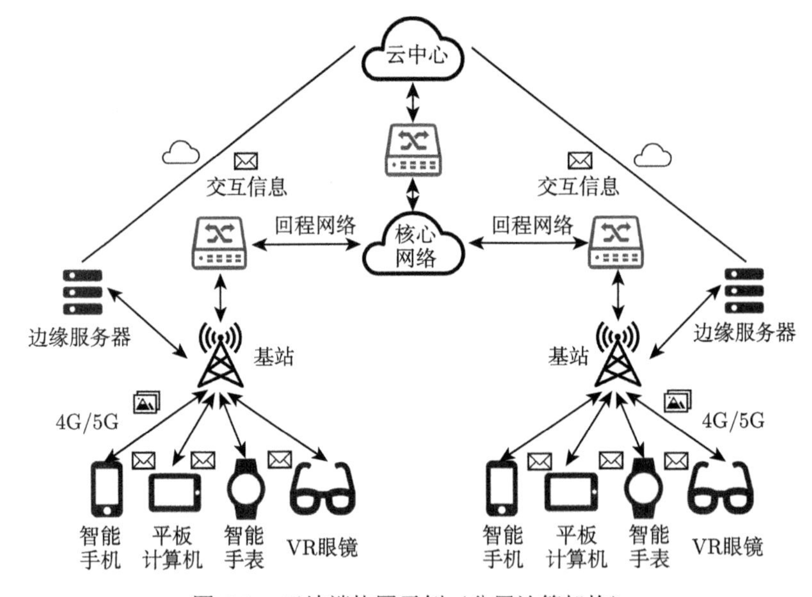

图 3.1 云边端协同示例（分层计算架构）

目前，边缘计算的发展仍然处于初期阶段。随着越来越多的设备联网，边缘计算得到了来自工业界和学术界的广泛重视和一致认可。在工业界中，亚马逊、谷歌和微软等云巨头正在成为边缘计算领域的领先者。亚马逊的 AWS Greengrass 将 AWS 扩展至设备，这样本地生成的数据即可在本地设备上进行预处理。微软公司则计划未来在 IoT 领域投入 50 亿美元，其中包括边缘计算项目。谷歌宣布了 2 款新产品，Edge TPU 和 Cloud IoT Edge，意在帮助改善边缘联网设备的开发。

学术界也展开了关于边缘计算的研究，IEEE 国际分布式计算系统会议（ICDCS）、国际计算机通信会议（INFOCOM）等重大国际会议开始增加边缘计算的分会和专题研讨会，电气电子工程师学会（Institute of Electrical and Electronics Engineers，IEEE）和国际计算机协会（Association for Computing Machinery，ACM）也在每年新增了边缘计算研讨会（SEC），收录文章对边缘计算领域的前沿问题进行讨论。

本章的后续部分将就边缘计算中云边端协同中的如下几个关键技术进行深入讲解。

（1）计算卸载。计算卸载是指终端设备将部分或全部计算任务卸载到资源丰富的边缘服务器，以解决终端设备在存储资源、计算性能以及能效等方面存在的不足。计算卸载的主要技术是卸载决策。卸载决策主要解决的是移动终端如何卸载计算任务、卸载多少以及卸载什么的问题。

（2）缓存管理。边缘缓存能够有效减少交付时延和网络拥塞。在网络中应用边缘缓存可以减少遍历访问，降低核心移动网络的请求数量，并减少原始服务器的负载。边缘缓存可以存储在更靠近终端用户的边缘位置，并提供流行的内容和对象。从用户角度来看，边缘缓存可以显著减少访问内容的总时延，并提升用户体验。缓存位置、缓存策略和缓存内容是边缘缓存中的关键问题。

（3）移动性管理。边缘计算依靠资源在地理上广泛分布的特点来赋能应用的移动性，一个边缘计算节点只服务周围的用户。云计算模式下服务器位置是固定的，应用数据通过网络传输到服务器，从而赋予应用移动性，所以在边缘计算中应用的移动管理是一种新模式。边缘计算中的移动性管理主要涉及两个问题，即资源发现和资源切换。资源发现指用户在移动的过程中需要快速发现周围可以利用的资源，并选择最合适的资源，同时适配异构的资源环境，使应用能够不间断地为用户提供服务。资源切换指当用户移动时，移动应用使用的计算资源可能会在多个设备间切换。资源切换要迁移服务程序的运行现场，并保证服务连续性，在用户位置改变之后仍可以继续为用户提供服务。此外，还需要考虑边缘计算资源的异构性与网络的多样性，以及使迁移过程适应设备的计算能力和网络环境的变化。

3.2 预备知识

3.2.1 在线算法

在线问题是指在一开始无法知道所有的输入信息，即在每个给定的时间步中只知道输入的前缀的问题。在线算法需要在收到输入时对其进行实时处理。由于在线算法不知道输入的其余部分，故可能无法做出最佳决策。我们通常用所谓的竞争分析来评估算法的性能，即把在线算法的解与最优解进行比较。

在线算法可以给边缘计算场景下的任务划分和分发调度提供借鉴。在一些场景下，我们需要保证一定的 QoS，在这些场景中，边缘计算可以充分发挥其优势。其中较为重要的衡量 QoS 的指标有低时延、高吞吐量、高可靠性等。在低时延的 QoS 要求下，需要边缘计算系统整合网络中的各种资源并进行动态调整以降低系统的整体时延，这种需求的存在使得边缘计算中的任务划分和分发调度问题变得尤为重要。传统云计算中，日益复杂的应用程序通常被建模成一系列有依赖关系的子任务构成的有向无环图（Directed Acyclic Graph，DAG）。在满足 DAG 的依赖约束下，需要决策应用中的哪些子任务卸载至云端来减少整个任务完成的时延。在诸如移动计算等应用领域，边缘服务器上的任务是在线到达的，对未来的任务类型、数量、到达时间的不可知性，大大增加了任务分发调度的难度。同时，边缘计算系统中的任务划分和分发调度涉及诸多复杂的软硬件，特别在边缘计算平台大规模实际部署中，将产生更多困难，因而对于相关问题的研究还存在较大空间。

我们将在本节介绍在线算法的分页问题，并通过竞争分析给出一些在线算法的竞争比的上下界。在分析中，我们考虑了最坏的情况，并引入了一个假想的对手，试图使在线算法表现得尽可能糟糕。竞争比的上界只取决于缓存大小 k。之后，我们介绍了分页问题中标记算法的一般概念。这类算法包含最近最少使用（Least Recently Used，LRU）策略的算法，也被证明可以达到 k（k 为常数）的竞争比。

1. 分页问题

分页问题是计算机科学中的一个经典问题，关于该问题的理论研究和应用研究可追溯到数十年前，管理两级存储器长期以来一直是计算系统中的一个基本问题。分页问题也一直是在线算法领域发展的基石之一。

问题 3.1 (分页问题) 设有 m 个内存页 $p_1, p_2, \cdots, p_m$，它们都存储在主存储器中，其中 m 是某个正整数。序列 $I = (x_1, x_2, \cdots, x_n)$，其中 $x_i \in \{p_1, p_2, \cdots, p_m\}$，对于所有 $i(1 \leqslant i \leqslant n)$，$x_i$ 表示在 T_i 时刻被请求。分页的在线算法 Alg 维护一个大小为 $k(k < m)$ 的缓存，序列 $B_i = (p_{j1}, p_{j2}, \cdots, p_{jk})$ 表示在 T_i 时刻缓存中的页面。开始时，不妨将缓存初始化为 $B_0 = (p_1, p_2, ..., p_k)$，即主存中的前 k 个页面。若在 T_i 时刻页面 x_i 被请求，并且 $x_i \in B_{i-1}$，Alg 输出 $y_i = 0$。相反，若 $x_i \notin B_{i-1}$，Alg 必须选择一个页面 $p_j \in B_{i-1}$，然后从缓存中移除，为 x_i 腾出空间。在这种情况下，Alg 输出 $y_i = p_j$，新的缓存内容是 $B_i = (B_{i-1} \setminus \{p_j\}) \cup x_i$。成本 $cost(Alg(I)) = |\{i|y_i \neq 0\}|$，算法 Alg 的目标是最小化成本。

我们用竞争分析的思想来评估分页算法的性能。在分页的情况下，令 $cost_{k,A}(\sigma)$ 表示快存中拥有 k 个页面容量时在线算法 A 在输入序列 σ 上产生的成本，$cost_{k,OPT}(\sigma)$ 表示快存中拥有 k 个页面容量时最优离线算法 OPT 在输入序列 σ 上产生的成本。如果存在一个常数 b，使得在每个请求序列 σ 上，

$$cost_{k,A}(\sigma) \leqslant c \cdot cost_{k,OPT}(\sigma) + b \tag{3.1}$$

则在线算法 A 是 c-竞争性的。

2. 确定性算法

Sleator 和 Tarjan 给出了任何确定的在线分页算法可以达到的最佳竞争比的严格界限 [12]。这些算法是先入先出（First In First Out，FIFO）和 LRU 的，前者在缺页时优先替换最早放置在快存中的页面，后者在缺页时优先替换最近最少使用的页面。竞争比的下界通常是用对手式的论证来证明的，即算法与一个编造了算法最坏情况的对手进行博弈。在竞争分析中，对手有两个任务：首先，它必须为该算法设计一个代价昂贵的输入序列；然后，它必须为该序列提供服务，显示该序列的最佳成本的上界。

定理 3.1　任何确定的在线分页算法可以达到的最佳竞争比大于等于 k。

证明　我们假设 A 和 OPT 都从快存中的相同页面集开始。对手将其请求序列限制在 $k+1$ 页：最初驻留在快存中的 k 页和一个其他页。对手总是请求位于 A 快存之外的页面。这个过程可以持续任意次，从而产生一个任意长的序列 σ，在这个序列上，A 在每次接受请求时都会出现缺页。现证，$cost_{k,OPT}(\sigma) \leqslant \left\lceil \frac{|\sigma|}{k} \right\rceil$。在每次缺页时，$OPT$ 采取以下策略：替换第一次请求发生在未来最远的页面。假设一个页面 x 被 OPT 替换了。下一个缺页将在下次请求 x 的时候发生。在 x 再次被请求之前，快存中的所有其他页面都会被请求。在任何两个缺页之间至少会有 $k-1$ 个页面被请求。　□

3. 标记算法

这类算法由 Karlin、Manasse、Sleator 和 Rudolph [13] 正式定义，也包括了 LRU。算法 3.1 表述了标记算法的运行过程，标记算法分阶段运行。在一个阶段开始时，所有的节点都没有被标记。每当一个页面被请求，它就被标记。在发生缺页时，标记算法会替换一个未标记的页面（由算法指定的规则来选择），并引入被请求的页面。一个阶段在快存的每个页面都被标记后的第一次缺页前结束。阶段完全由序列决定，而不是由算法替换哪个未标记的页面的选择决定。标记算法和阶段的概念是在研究分页的竞争分析中不断出现的关键概念。

算法 3.1 标记算法

```
1: for 每个页面请求 x do
2:     if 页面 x 在缓存中 then
3:         if 页面 x 未标记 then
4:             标记页面 x
5:         输出“0”
6:     else
7:         if 所有页面被标记 then
8:             清除缓存中所有页面上的标记
9:         选择一个未被标记的页面 p
```

10: 替换页面 p 并在原页面 p 所在位置插入页面 x
11: 标记页面 x
12: 输出“p”

定理 3.2 任何标记算法都是 k 竞争比的。

证明 该证明基于一个简单的观察，即最优算法在一个阶段中至少产生一个故障。可以把序列分成若干片段，从一个阶段的第二个请求开始到下一个阶段的第一个请求结束，称为片段。任何算法在一个片段中至少发生一次故障。在一个片段的开始，算法在其快存中拥有最近的一次请求（这只是该阶段的第一个请求）。如果它在该阶段的剩余时间内没有发生缺页，那么它在该阶段的所有 k 个请求页都驻留在其快存中。根据定义，下一阶段的第一个请求（该片段的最后一个请求）是对一个不在这个集合中的页面的请求。因此，最优算法必会缺页。同时，标记算法在一个阶段最多只会产生 k 次缺页。即在一个阶段中正好有 k 个不同的页面被请求。此外，一旦一个页面被请求，它就会被标记，并且在该阶段的剩余时间内不会被替换。因此，一个标记算法在一个阶段中对一个给定页面的缺页不会超过一次。 □

在本小节中我们简单介绍了在线算法在分页问题中的一些研究。在线问题还有几个重要的应用领域，由于篇幅的限制，我们在此没有提及，例如在线装箱、在线调度、在线着色和在线匹配等问题。若读者想进一步了解与学习在线算法，可以参考 Fiat 和 Woeginger 所著的在线算法教科书[14]。

3.2.2 分布式算法

在过去的几十年里，分布式系统和网络经历了前所未有的发展。现如今，分布式计算涵盖了当今计算机和通信世界中发生的诸多行为。事实上，分布式计算广泛存在于一些不同的领域，包括但不限于互联网、无线通信、云计算、并行计算、多核系统和移动网络。这些系统的共同点是，系统中随时都有许多处理器或实体（通常被称为节点）处于活动状态。节点自身具有一定的自由度，并拥有自己的硬件和软件。然而，为了解决涉及多个甚至所有节点的问题，节点之间可能需要共享一些公共的资源和信息，并在此基础上进行协调。

为了解决上述问题，分布式计算领域的科学家研究了许多不同的模型及其参数。在一些系统中，所有节点同步运行，而在其他系统中，这些节点以异步的方式运行。此外，还可将系统划分为同构系统和异构系统。其中异构系统中不同类型的节点可能具有不同的能力和目标。例如，某些通信基础设施是为某个应用程序量身定制的，在设计一些算法时就必须考虑到这点以适配不同的通信基础设施。系统中的一些节点可能会一起工作以解决全局任务，有时节点也处于自治模式，具有独立的目标并和其他节点一起竞争公共资源。有时可以假设节点正常工作，有时它们可能会出现故障。与单节点系统相比，分布式系统在出现故障时仍可正常运行，因为其他节点可以接管故障节点的工作。可以考虑不同类型的故障：节点可能只是崩溃，或者表现出任意错误的行为，甚至可能达到无法与恶意行为区分开来的程度。节点也可能确实遵循规则，但是它们会调整参数以充分利用系统，也就是说，节点是自私的。

分布式算法的设计过程一般围绕分布式系统背后的一些基本问题，例如通信、同步、协调、容错、局部性、并行性、不确定性等。我们定义同步分布式算法和异步分布式算法。

定义 3.1 (同步分布式算法) 在同步分布式算法中，节点在同步的轮次中进行操作。在每个轮次中，每个节点执行以下步骤：① 向邻居发送消息；② 接收消息；③ 进行本地计算。

定义 3.2 (异步分布式算法) 在异步分布式算法中，算法是事件驱动的（即在接收到消息 x 时执行过程 $p(x)$）。节点无法访问全局时钟。从一个节点发送到另一个节点的消息将在有限但无限制的时间内到达。

为了衡量同步和异步分布式算法的运行效率，我们分别定义了同步分布式算法和异步分布式算法的时间复杂度。

定义 3.3 (同步分布式算法的时间复杂度) 对于同步分布式算法，时间复杂度是算法终止之前的轮数。当最后一个节点终止时，算法终止。

定义 3.4 (异步分布式算法的时间复杂度) 对于异步分布式算法，时间复杂度是在最坏的情况下（对每个合法输入，每次执行的情况）从执行开始到完成的时间单位数，假设每个消息的时延最多为一个时间单位。

下面，我们将介绍顶点染色问题，并针对该问题讨论其分布式实现。顶点染色问题有着很多实际应用，例如在无线网络领域，染色是时分多路访问（Time

Division Multiple Access，TDMA）介质访问控制（Medium Access Control，MAC）协议的基础。一般来说，顶点染色被当作打破对称性的一种手段，而对称性是分布式计算的主要问题之一。

问题 3.2 (顶点染色问题) 对于给定的图 $G=(V,E)$，为其中每个结点 $v\in V$ 赋予颜色 c_v，使得对所有的边 $e=(v,w)\in E$ 都满足 $c_v\neq c_w$。

通常，应用需求我们使用很少的颜色来完成染色。例如，在 TDMA MAC 协议中，使用更少的颜色即意味着更高的吞吐量。然而，在分布式计算中，我们通常也会对次优的解决方案感到满意，某种程度上，我们需要在解决方案的最优性与计算解决方案所需的时间之间进行权衡。在顶点染色问题中，我们假设每个结点具有一个唯一的标识符用于区分彼此。为简便起见，可以假设系统中的 n 个结点的编号分别为 $1,\dots,n$。

定义 3.5 (染色数) 对于给定的图 $G=(V,E)$，其染色数 $\chi(G)$ 为解决问题 3.2 的最小颜色数目。

首先，我们给出该问题的集中式版本的算法，如算法 3.2 所示。

算法 3.2 集中式染色算法

1: **while** 存在未染色的结点 v **do**
2: 　将 v 染色为最小的和已染色的邻居不冲突的颜色（数字）

定义 3.6 (度) 定义结点 v 的度 $\delta(v)$ 为其邻居数量，定义图 G 的度为其中所有结点的度的最大值，用符号 $\Delta(G)=\Delta$ 表示。

定理 3.3 算法 3.2 至多使用 $\Delta+1$ 种颜色完成染色。

证明 由于每个结点至多有 Δ 个邻居，所以在颜色集合 $\{1,2,\dots,\Delta+1\}$ 中至少有一个颜色可供该结点使用。 □

在算法 3.2 的基础上，我们给出分布式染色算法如算法 3.3 所示。

算法 3.3 分布式染色算法

1: 假设所有结点具有各不相同的初始 ID
2: **for** 每个结点 v **do**
3: 　结点 v 将自身 ID 发送给所有邻居
4: 　结点 v 接收来自所有邻居的 ID
5: 　**while** 结点 v 存在具有更高 ID 的未染色邻居 **do**

6: 结点 v 将“未决定”发送给所有邻居
7: 结点 v 接收来自所有邻居的决策
8: 结点 v 选择最小的可供选择的颜色
9: 结点 v 通知所有邻居其选择的颜色

定理 3.4 算法 3.3 的时间复杂度为 n 且至多使用 $\Delta+1$ 种颜色完成染色。

证明 算法 3.3 保证每个结点最终会选择与其邻居不同的颜色，并且所有相邻的结点不会同时选择颜色。每个轮次至少有一个结点完成染色，所以至多 n 轮完成全部结点的染色。 □

图 3.2 展示了算法 3.3 的染色过程。在轮次 1，v_2 和 v_5 分别将自身染为颜色 1。在轮次 2，由于 v_5 的存在，v_4 将自身染为颜色 2。在轮次 3，由于 v_3 的邻居中不存在具有更大 ID 的未染色结点，所以 v_3 将自身染为颜色 1。最后，在轮次 4，结点 v_1 将自身染为颜色 3，所有结点染色完毕。

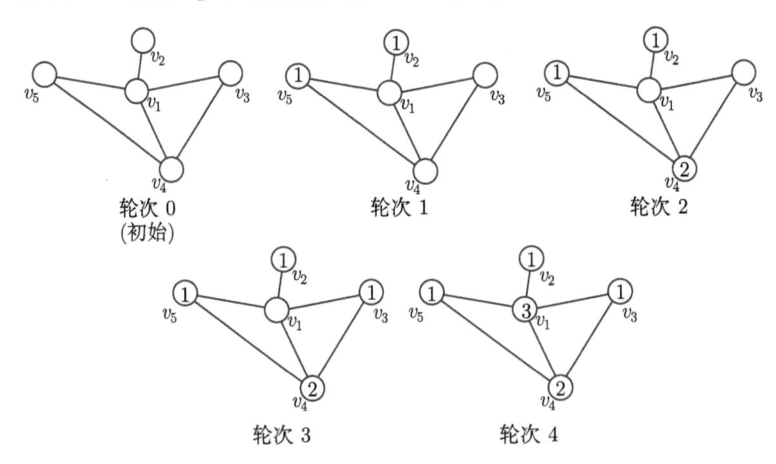

图 3.2 染色过程

正如上文所述，在实际的分布式系统中还存在着更多的问题，例如结点之间的协调、结点的容错、系统时钟同步等。针对这些问题，需要设计更为复杂和高效的算法。若需要更为深入地了解分布式系统的问题建模和算法设计，请参阅参考文献 [15]。

3.2.3 强化学习

强化学习（Reinforcement Learning，RL）是机器学习中区别于监督学习与非监督学习的一类学习算法。在强化学习中，智能体（Agent）在与环境的交互中进行决策，从而获得收益；同时智能体会在交互中进行学习，利用已有的经验探索更好的动作选择，目的是寻找最优的控制策略，从而使累积收益最大化。在本节内容中，我们将首先介绍强化学习问题在数学上的表达形式——马尔可夫决策过程；随后，我们将介绍强化学习算法如何从与环境的交互中学习最优控制策略，并介绍深度强化学习算法的基础。

1. 马尔可夫决策过程

马尔可夫决策过程（Markov Decision Process，MDP）是强化学习问题在数学上的一种理想化形式，可以对它做出精确的理论描述。MDP 是一种经典的顺序决策形式，其当前的动作不仅会影响眼前的收益，而且会影响后续的状态和未来的收益。如图 3.3 所示，MDP 提供了一个从交互中学习以实现目标的框架。其中，通过交互来学习和做出决策的部分被称为**智能体**（Agent），与智能体交互的系统中的其他部分被称为**环境**（Environment）。这个交互的过程是持续发生的，智能体观察当前环境的状态 $\boldsymbol{S}_t$，从而选择动作 A_t；环境对智能体的动作作出反应，并向智能体提供新的环境。环境同时也会产生收益 R_t，即智能体通过其动作的选择，寻求在一段时间内最大化累积的收益。

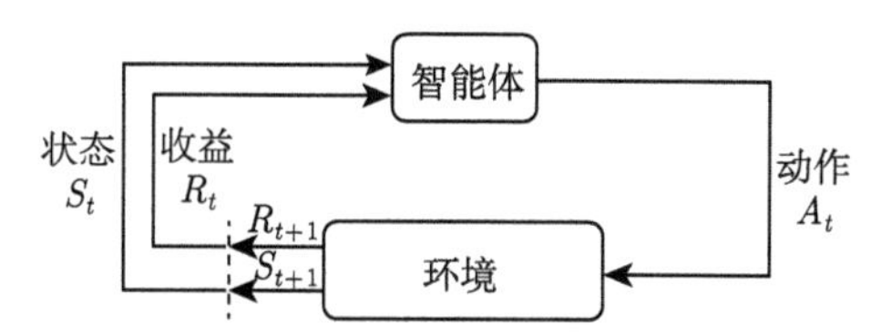

图 3.3 马尔可夫决策过程中智能体和环境的交互

更准确地说，马尔可夫决策过程可以用四元组 $(\boldsymbol{S}, \mathcal{A}, T, R)$ 表示。其中 $\boldsymbol{S}$ 是状态的集合（状态空间，State Space），$\mathcal{A}$ 是动作的集合（动作空间，Action Space）。$T : \boldsymbol{S} \times \mathcal{A} \times \boldsymbol{S} \rightarrow [0, 1]$ 是状态转移函数，表示任意两个相邻调度时间单位的状态 $s, s' \in \boldsymbol{S}$ 在动作 $a \in \mathcal{A}$ 下的转移概率，其定义为

$$T(s, a, s') \triangleq \Pr(\boldsymbol{S}_{t+1} = s' | \boldsymbol{S}_t = s, \mathcal{A}_t = a) \tag{3.2}$$

其中 $\boldsymbol{S}_t, \boldsymbol{S}_{t+1}$ 分别表示第 t 和 $t+1$ 时刻的系统状态。$R: \boldsymbol{S} \times \mathcal{A} \to \mathbb{R}$ 是收益函数（或代价函数），表示在当前状态和动作带来的系统瞬时收益（或代价），$\mathbb{R}$ 表示实数集合。马尔可夫决策过程的目标是找到一个好的策略（Policy）函数 $\pi: \boldsymbol{S} \to \mathcal{A}$，使得累积的平均收益最大化（或者平均代价最小化），其优化目标可以表达为

$$\max_{\pi} \lim_{U \to \infty} \mathbb{E}\left[\sum_{t=1}^{U} \gamma^t R(\boldsymbol{S}_t, \mathcal{A}_t, \boldsymbol{S}_{t+1})\right] \tag{3.3}$$

其中，$\mathbb{E}[\cdot]$ 代表对系统的全部随机因素取数学期望，$\gamma \in (0,1]$ 是一个折扣系数（Discount Factor）。特别的情况下，我们把给定初始状态 $\boldsymbol{S}_0$ 下，在最优策略下的系统平均收益（或平均代价）定义为**价值函数**（Value Function）。

$$V(\boldsymbol{S}) \triangleq \max_{\pi} \mathbb{E}\left[\sum_{t=1}^{\infty} \gamma^t R(\boldsymbol{S}_t, \pi(s_t), \boldsymbol{S}_{t+1}) | \boldsymbol{S}_0 = \boldsymbol{S}\right] \tag{3.4}$$

价值函数有时又被称为**状态值函数**。对价值函数的优化，可以由对应的**贝尔曼（Bellman）方程**求解。

$$V(s) = \max_{\pi(s)} \left\{ R(s, \pi(s), s') + \sum_{s' \in \boldsymbol{S}} \gamma T(s, \pi(s), s') V(s') \right\}, \forall s \in \boldsymbol{S} \tag{3.5}$$

观察贝尔曼方程可以发现，最优策略 π_* 需要满足贝尔曼方程的约束，如果我们找到最优值函数 v_*，那么也可以得到最优策略 π_*。基于这个思路，我们在此介绍两个使用迭代求解最优策略的经典算法，**策略迭代**（Policy Iteration）和**值迭代**（Value Iteration）。其中，**策略迭代**算法中交替使用**策略评估**（Policy Evaluation）和**策略改进**（Policy Improvement）方法，可以在有限次迭代之后收敛到最优策略和最优值函数，如算法 3.4 所示。

算法 3.4 策略迭代

1: 初始化：$V(s) \in \mathbb{R}$ ，对所有的用户使 $\pi(s) \in \mathcal{A}(s)$
2: /* 策略评估步骤 */
3: **while** $\Delta < \theta$ **do**
4:     **for** $s \in \mathbf{S}$ **do**
5:         $V(s) \leftarrow \sum_{s'} [R(s, \pi(s), s') + \gamma T(s, \pi(s), s') V(s')]$
6:         $\Delta \leftarrow \max(\Delta, |v - V(s)|)$

7: /* 策略改进步骤 */
8: $PolicyStableFlag \leftarrow true$
9: **for** $s \in \mathbf{S}$ **do**
10: $a' \leftarrow \pi(s)$
11: $\pi(s) \leftarrow \arg\max_a \sum_{s'}[R(s,a,s') + \gamma T(s,a,s')V(s')]$
12: if $a' \neq \pi(s)$，then $PolicyStableFlag \leftarrow false$
13: if $PolicyStableFlag$，返回 $V \approx v_*$，$\pi \approx \pi_*$，否则转到策略评估步骤

策略迭代算法的一个缺点是，它的每一次迭代都涉及策略评估，其本身就是一个需要多次迭代的计算，而且需要遍历整个状态空间。值迭代算法将策略改进和策略评估融合起来，直接在策略评估的迭代中使用策略改进的步骤，即在策略评估中使用式 (3.6) 来进行价值函数的迭代。

$$V(s) \leftarrow \max_a \sum_a \pi(a,s) \sum_{s'}[R(s,a,s') + \gamma T(s,a,s')V(s')] \tag{3.6}$$

值迭代算法同样保证了策略改进的收敛性。

2. 经典强化学习算法

在上文中我们讨论的策略迭代算法和值迭代算法属于动态规划（Dynamic Programming，DP）的范畴，DP 方法是指一组用于获得最优策略的算法，在数学上有很好的求解途径，但需要关于环境的完整且精确的 MDP 模型。在 DP 方法中，智能体在与环境的交互中只存在决策过程，而不存在学习过程。本节我们将介绍不需要事先获得 MDP 模型的强化学习算法，智能体通过与环境交互的学习过程，获得值函数的估计从而发现最优策略。强化学习中出现的挑战之一是探索（Exploration）和利用（Exploitation）之间的权衡。为了使获得的收益最大化，智能体会倾向于选择它在过去尝试过并能产生有效奖励的行动，但为了发现这些行动，它必须尝试以前没有选择过的行动。数学家们几十年来一直在深入研究权衡探索与利用的难题，但至今未得到有效的解决。在下文中，我们默认采取一种启发式的探索与利用策略，σ-greedy 策略，即智能体在决策时，会以 σ 的概率采取过去经验中的最优动作，以 $1-\sigma$ 的概率采

取随机动作。

首先我们介绍**蒙特卡洛方法**（Monte Carlo Method）。蒙特卡洛方法需要从实际或模拟与环境的互动中获得一系列的状态、行动和收益的样本，我们称这样的一个智能体交互的序列为**回合**（Episode）。我们定义从 t 时刻开始到这个回合结束的时间（记作 T），过程中产生的累计收益作为**回报**，记作 G。

定义 3.7 (回报)

$$G_t \triangleq R_{t+1} + \gamma R_{t+2} + \cdots + \gamma^{T-1} R_T \tag{3.7}$$

其中 γ 为上节中提到的折扣系数。

蒙特卡洛方法对序列中的每个状态-行动对进行抽样和平均回报，从而得到值函数在某个策略 π 下的估计，蒙特卡洛估计算法如算法 3.5 所示。

算法 3.5 蒙特卡洛估计算法

1: 输入：要评估的策略 π
2: 初始化：$V(s) \in \mathbb{R}$，$Returns(s) \leftarrow$ 一个空列表，对于所有 $s \in \boldsymbol{S}$
3: 在 π 之后生成：$\boldsymbol{S}_0, \mathcal{A}_0, R_1, \boldsymbol{S}_1, \ldots, \boldsymbol{S}_{T-1}, \mathcal{A}_{T-1}, R_T$
4: $G \leftarrow 0$
5: **for** $t = T-1, T-2, \ldots, 0$ **do**
6: 　　$G \leftarrow \gamma G + R_{t+1}$
7: 　　**if** $\boldsymbol{S}_t \notin \{\boldsymbol{S}_0, \boldsymbol{S}_1, \ldots, \boldsymbol{S}_{t-1}\}$ **then**
8: 　　　　将 G 添加到队列中 $Returns(\boldsymbol{S}_t)$
9: 　　　　$V(\boldsymbol{S}_t) \leftarrow \text{average}(Returns(\boldsymbol{S}_t))$

通过上述算法，我们可以得到值函数 V_π 在策略 π 下的估计，这和上文中的**策略评估**方法相对应，然而由于模型的缺失，我们无法基于这个估计得到最优策略。因此，我们将上述算法中对状态值函数的估计，替换为对**动作值函数**的估计，动作值函数的定义如下所示。

定义 3.8 (动作值函数)

$$q_\pi(s,a) \triangleq \mathbb{E}_\pi[G_t | \boldsymbol{S}_t = s, \mathcal{A}_t = a] \tag{3.8}$$

我们将估计的动作值函数记为 $Q(s,a)$，基于估计的值函数我们可以轻松

得到最优策略

$$\pi(s) = \arg\max_a Q(s,a)$$

蒙特卡洛方法的缺点在于它需要得到整个回合的序列，然后基于这样的序列的平均采样，才能获得关于值函数的近似以及最优策略的近似。时间差分（Temporal Difference，TD）学习是一种结合了蒙特卡洛和 DP 设计理念的算法。TD 算法和 DP 方法一样，基于部分已经学习过的模型（值函数）估计值来更新估计值，而不需要像蒙特卡洛方法一样等待最终结果。我们在这里介绍一种 TD(0) 算法的设计——Sarsa 算法。Sarsa 算法仅根据一步长度的回报 $G_{t:t}$，即 t 时刻动作所产生的收益 R_{t+1}，来更新对值函数的估计。

$$Q(S_t,A_t) \leftarrow Q(S_t,A_t) + \alpha[R_{t+1} + \gamma Q(S_{t+1},A_{t+1}) - Q(S_t,A_t)] \tag{3.9}$$

其中 α 是学习速率（Learning Rate），用来调整动作值函数的更新幅度。而另一种鼎鼎有名的 TD(0) 算法 Q-Learning，在 Sarsa 算法的基础上，引入了 off-policy 的设计：对于未来状态 S_{t+1}，根据最新的动作值函数采取动作，进而更新当前的值函数估计。Q-Learning 的完整算法如算法 3.6 所示。

算法 3.6 Q-Learning 算法

1: **while** true （对于每一个集合） **do**
2: 　　初始化 S
3: 　　**while** S 不是最后? **do**
4: 　　　　使用从 Q 派生的策略从 S 中选择 A（例如，σ-greedy）
5: 　　　　采取行动 A，观察 R，S'
6: 　　　　$Q(S,A) \leftarrow Q(S,A) + \alpha[R + \gamma \max_a Q(S',a) - Q(S,A)]$
7: 　　　　$S \leftarrow S'$

由于篇幅有限，关于 TD 算法及其他强化学习的内容在此无法一一阐述，请感兴趣的读者参考 Sutton 等人 [16] 的著作以获得更深入的知识。

3. 深度强化学习算法

在解决实际问题时，我们想应用强化学习算法解决的问题通常具有组合性的和巨大的状态空间。在这样的情况下，我们无法在可接受的时间内找到最优策略或者最优价值函数，或者我们需要巨量的交互数据才能获得价值函数的有效估计。因此，我们的目标下调为利用有限的计算资源，找到一个好的近似解决方案。我们将对值函数的估计记作 $\hat{v}(\cdot;\theta)$，是一个由 $\theta \in \mathbb{R}^d$ 权重向量表达的参数化函数。通常 d 取值远小于状态空间的大小，这样对单个参数的更新会影响到多个状态对应的值。因此，当一个单一的状态被更新时，这种变化会从该状态泛化到影响许多其他状态的值。对值函数的拟合可以采取多种方式（如线性拟合、多项式拟合、粗编码等），然而拟合的形式通常与问题结构有关。而更通用的方法是值函数 $\hat{v}$，可以通过多层的人工神经网络计算得到，也就是深度强化学习算法（Deep Reinforcement Learning，DRL）。

在深度 Q 网络（Deep Q-Network，DQN）算法中，我们使用 $Q(s,a;\theta)$ 来近似最优动作值函数 $Q^*(s,a)$。DQN 算法使用了卷积神经网络来近似动作值函数。与神经网络的训练类似，我们需要定义损失函数（Loss Function）并使用梯度下降算法来迭代网络参数。DQN 算法的损失函数如式 (3.10) 所示。

$$L = \mathbb{E}[(r + \gamma \max_{a'} Q(s',a';\theta^-) - Q(s,a;\theta))^2] \tag{3.10}$$

其中 θ^- 代表 target Q 网络的参数，它并不参与训练，并定期和 θ 保持同步，以避免参数的收敛性问题。此外 DQN 算法还引入了经验回放（Experience Replay）来加速训练，更多的细节请参考 Google DeepMind 的原始论文 [17]。

3.2.4 定价策略

定价策略在市场经济的发展中起到了很大的作用，它根据商品或者服务的特点和价值进行定价，从而最大化商品或者服务的价值，进而最大化商品或者服务所有者的收益。定价作为经济学上的一个重要概念，其原理和博弈及其机制设计有着很大的联系，同时通过对于机制设计的介绍，引出对于传统的定价问题——拍卖的介绍。

1. 博弈的概念

博弈（Game）是指在一定的游戏规则约束下，基于直接相互作用的环境条件，各参与人依靠所掌握的信息，选择各自策略（行动），以实现利益最大化和风险成本最小化的过程。

博弈的 4 个要素如下。

参与人：参与博弈的决策主体。

规则：对博弈做出具体规定的集合。

结果：参与人行动的每一个可能的集合。

赢利：在可能的每一个结果上，参与人的所得及所失。

博弈主要可以分为合作博弈和非合作博弈。它们的区别在于相互发生作用的当事人之间有没有一个具有约束力的协议，如果有，就是合作博弈，如果没有，就是非合作博弈。

从行为的时间序列性出发，博弈论进一步分为两类：静态博弈是指在博弈中，参与人同时选择或虽非同时选择，但后行动者并不知道先行动者采取了什么具体行动；动态博弈是指在博弈中，参与人的行动有先后顺序，且后行动者能够观察到先行动者所选择的行动。

按照参与人对其他参与人的了解程度分为完全信息博弈和不完全信息博弈。完全信息博弈是指在博弈过程中，每一位参与人了解其他参与人的特征、策略空间及收益函数等准确的信息。如果参与人对其他参与人的特征、策略空间及收益函数信息了解得不够准确，在这种情况下进行的博弈就是不完全信息博弈。

2. 纳什均衡

在一个博弈局势下，如果一个智能体单方面的策略改变只能增加其自身代价，那么称此局势为一个纯策略纳什均衡（Pure Nash Equilibrium，PNE）。

定义 3.9 (PNE) 若对于任意一个智能体 $i \in \{1,2,\cdots,k\}$ 和其单方面策略改变 $s_i' \in S_i$，都有

$$C_i(s) \leqslant C_i\left(s_i', s^{-i}\right) \tag{3.11}$$

则称这样的策略组合 s 是代价最小化博弈的一个 PNE。

其中 s_{-i} 表示策略组合 s 中去除第 i 个元素的组合。根据定义，在 PNE 中，每个智能体 i 的策略 s_i 都是对 s_{-i} 的最佳应对策略，即在所有 $s_i' \in S_i$ 中它能最小化 $C_i\left(s_i', s_{-i}\right)$ 。虽然 PNE 解释起来很容易，但就像之前提到的，大多数博弈中并不存在 PNE。

在一个混合策略纳什均衡（Mixed Strategy Nash Equilibrium，MNE）中，

智能体独立地随机化自身策略，且一个智能体单方面改变策略只会增加自身的期望代价。

定义 3.10 (MNE)　若对于任意一个智能体 $i \in \{1,2,\cdots k\}$ 和其单方面策略改变 $s_i' \in S_i$，都有

$$\boldsymbol{E}_{s\sim\sigma}\left[C_i(s)\right] \leqslant \boldsymbol{E}_{s\sim\sigma}\left[C_i\left(s_i', s_{-i}\right)\right] \tag{3.12}$$

其中 σ 表示联合概率分布 $\sigma_1 \times \cdots \times \sigma_{\delta_k}$，我们就称策略集 $S_1, \cdots, S_k$ 上的分布 $\sigma_1 \times \cdots \times \sigma_k$ 是代价最小化博弈的一个 MNE。

定义只考虑了单方面策略改变为纯策略的情况，其实即使允许策略改变为混合策略也不会与这个定义冲突。

每个 PNE 也都是一个 MNE，只不过所有智能体的策略都是确定的。每个代价最小化博弈前至少有一个 MNE。同时，即使只有两个智能体，计算 MNE 也是一个困难的问题。

定理 3.5 (纳什定理)　任何一个有限的双人博弈，至少存在一个 PNE 或 MNE。

事实上，纳什定理在任何含有有限人数的博弈中都成立。

3. 机制设计

机制设计是经济学理论的一个分支，在经济学理论中提供了独特的工程视角。机制包括直观显示机制（或称作直观机制、显示机制、直接机制）和非直观显示机制（或称作非直观机制、一般机制、间接机制）。在直观机制中，设计者直接询问参与者的私有状态信息（类型信息、私有偏好），在非直观机制中，设计者只能观测到参与者的行为（或消息），该行为由以内在状态为参数的显示策略函数决定。如果所有参与者的行为共同构成一个纳什均衡，则称其对应的显示策略共同构成一个事后纳什均衡（Ex-post Nash Equilibrium）。

机制设计中的一个重要问题就是如何设置恰当的机制，使每个博弈者显示自己的真实偏好，因为有的博弈者为了获得自身利益的最大化而隐瞒自身的真实偏好，或者通过策略性的显示偏好而操纵社会选择的结果。一般情况下，需要通过某种激励策略实现这个目的，如果一种机制能够获得博弈者的真实信息并能够防止博弈者的策略性操纵，这种机制被称为真实机制，也被称为激励相

容（Incentive Compatible）机制或防护策略（Strategy-Proof）机制。需要注意的是博弈者最终收益的组成，若采用准线性的收益形式，最终收益等于初始收益与获得报酬之和。通常设计的直观机制包括社会结果选择函数与实体支付函数两部分，机制的设计就是通过适当地构造这两个函数，使机制满足一些需要的特性，如实体只有在报告真实信息时才能获得最大的最终收益的真实机制特性。真实机制可以被用来获得用户的真实意图，在一些计算机应用有此需要时，就可以应用机制设计的方式予以实现。

对于一个机制设计算法，需要一个好的判断标准，在这里我们主要介绍一下 Tim Roughgarden [18] 提到的理想机制的 3 条标准。

① 优势策略激励相容（Dominant-Strategy Incentive Compatible，DSIC）：每个人都有一个优势策略，而且这个机制允许并激励他们一起采用优势策略。同时，DSIC 保证真实报价（Truthful Bidding）是优势策略，从机制设计者角度来说，这样容易预测买方的行动，因为每一个理性的和智能的博弈者都会采用这一策略。

② 最大社会盈余（Maximize Social Surplus，MSS）：即 $\max\sum_{i=1}^{n} v_i x_i$ ，前提是每个人都如实报价，这条性质才能体现出来。

③ 多项式计算时间（Computed in Polynomial Time，CPT）：即要求机制算法可以在多项式时间上运行出结果。

4. 拍卖

拍卖这种特殊的交易方式早在公元前 5 世纪就已在古巴比伦萌芽。拍卖行的产生则最早追溯到公元前 2 世纪的古罗马。拍卖行业的正式形成则是在 17、18 世纪的欧洲，此时，拍卖市场越来越大，拍卖机构大量出现，拍卖法规也逐渐完善。1741 年和 1766 年，当今世界最有名的两家拍卖行——苏富比和佳士得拍卖行分别在伦敦成立。中国最早见诸文字记载的拍卖活动出现在唐朝，拍卖的是典当行过期的典当物。鸦片战争结束以后，随着西方资本主义国家的侵入，先进的拍卖机制也被引入了中国，中国最早的新式拍卖活动发生在广州，来华外商经常以此销售商品。上海则是中国拍卖行的发源地。新中国成立后，于 1958 年取缔了全部拍卖行，直到 1986 年 11 月，新中国第一家拍卖行——国营广州拍卖行才正式挂牌成立，1993 年以后，拍卖业迅猛发展，至 2002 年 4 月，全国的拍卖行总数超过 1300 家，拍卖从业人员超过 30000 人。1995 年 6 月，中国拍卖行业协会在北京成立，1997 年 1 月《中华人民共和国拍卖法》正式施行。

现今通用的拍卖方式有英格兰式拍卖、荷兰式拍卖，以及英格兰式与荷兰式相结合的拍卖方式。此外，还有一种较常用的方式叫投标拍卖，也叫价格密封拍卖。

拍卖的要素有参与者、供拍卖的物品或服务、拍卖的方式以及用于确定价格和竞买人的规则。进行拍卖必须有准备出售或购买的双方和组织拍卖的机构 (比如拍卖行) 参与。通过拍卖方式出售某种所有权或物品，卖方委托拍卖机构向被邀请来参加竞买的一家以上的预期购买者提供准备出售的某种所有权或物品。拍卖过程由第三方的拍卖师或拍卖行组织实际操作。拍卖师或拍卖行可以根据成交价格只收取委托方 (卖方) 一定比例的佣金，也可以从买卖双方各收取一定比例的佣金。

(1) 英格兰式拍卖

英格兰式拍卖又叫公开增价拍卖（Open Ascending Bid，OAB），卖家提供物品，在物品拍卖过程中，买家按照竞价阶梯由低至高喊价，出价最高者成为竞买的赢家。为了保证竞价收敛，一般会为竞价设定一个终止时间。

英格兰式拍卖的缺点是既然获胜的竞买人的出价只需比前一个最高价高一点，那么每个竞买人都不愿马上按照其预估价出价。另外，竞买人要冒一定的风险，他可能会被令人兴奋的竞价过程吸引，出价超出了预估价，这种现象被称为“赢者诅咒（Winner's Curse）”。

(2) 荷兰式拍卖

荷兰式拍卖亦称公开减价拍卖（Open Descending Bid，ODB），其过程与英格兰式拍卖过程相反：竞价由高到低依次递减直到第一个买家应价时成交的一种拍卖方法。

荷兰式拍卖有两个显著特点：第一，价格随着一定的时间间隔，按照事先确定的降价阶梯，由高到低递减；第二，所有买受人 (即买到物品的人) 都以最后的竞价 (即所有买受人中的最低出价) 成交。

其实，荷兰式拍卖中也有加价的情况，并不总是减价的。当遇有一个以上竞买人在同一价位应价时，拍卖师就立即转入增价拍卖形式，此后竞相加价的过程一直持续到无人再加价为止。最后一位加价的竞买人购买成功。实际上，大多情况下荷兰式拍卖是增价和减价拍卖混合进行的，所以也称为“混合拍卖”。

荷兰式拍卖因为有减价的特点，所以竞买人往往坐等观望，企盼价格不断减低，因而现场竞争气氛不够热烈。所以有“无声拍卖”的名声。但是这种拍卖往往也是很迅速的，可能第一个人就买走了所有物品。虽然是“无声拍卖”，竞买人之间还是有激烈的竞争。如不及时竞买，别人可能把所有物品买走，或者买走品质最好的那一部分。

(3) 第一价格密封拍卖

第一价格密封拍卖（First-Price Sealed-Bid，FPSB），买方需要将自己的出价写在一个信封里，然后由众多买方进行投标，同一时间揭晓买方信封中的价格，出价最高者竞价成功，从而获得该商品。

下面我们来重点介绍以下 FPSB 的条件。

① 足够的竞买者。如果没有足够的竞买者，就失去了“竞价”的基础，投标人的出价会低于真实价格。实际情况表明，竞价人越多，出价离真实的均衡价格越接近。

② 拍卖制度的建立。拍卖制度包括确定交易主体——委托人、拍卖人、竞买人，以及界定各自责任和权限，因此需要交易的平台，拍卖机构充分履行拍卖人职责。此外，交易规则决定 FPSB 的核心在于“密封”，即要求所有的投标人都不知道其他投标人的出价。

③ 真实有效的信息发布。

(4) 第二价格密封拍卖

第二价格密封拍卖又称维克里拍卖（Vickrey Auction），其拍卖过程和第一价格密封拍卖过程一样，由出价最高的买家获得物品，但他只需要支付所有投标者中的第二高价。

用“第二价格”的方法解决密封式投标具有很多优点。第一，在很多情况下，由于投标者之间的信息不对称、存在错误的评估或投标战略，使得“最高价”或者第一价格拍卖方法的结果不是最优的结果。第二，在第二价格密封拍卖中，投标者最好的竞拍策略就是依照自己对标的物的评价给出标价，因此不管是从个人收益还是从整体资源配置考虑，投标者对其他竞争对手的出价情况、投标策略和整体市场的评估变得多余。每个投标者只需要将他的注意力放在根据自身情况评价商品价值上，因此节约了大量的脑力劳动，减少了费用支出。这种节约可以获得更好的资源配置，并增加可被买卖双方分享的总收益。因为投标者的信息搜寻费用减少了，收益就增加了，这就会吸引更多人参与竞标，对卖方而言也可能卖出更高的价格。

3.3 计算卸载

在边缘计算的背景下，计算卸载（即将工作负载从移动设备传输到边缘云）是云边端协同中的主要问题之一。

在计算卸载问题中，需要决策用户设备卸载哪些任务、卸载的任务分配到何处以及服务器中每个任务按什么顺序执行等子问题。一个最佳的卸载解决方案必须合理利用异构资源，满足不同的用户需求，能处理复杂的网络环境，同时还需要考虑用户的移动性和任务的依赖性。计算卸载问题将直接影响用户端的服务质量，因此设计适合的计算卸载算法对边缘云与移动设备之间的有效协调至关重要。

移动设备到边缘云的计算卸载流程主要体现在 3 个部分，即移动设备、通信链路和边缘云。具体而言，移动设备负责划分应用程序，得到相应的卸载方案；通信链路负责需要上传分区的传输，主要受带宽、连接性和设备移动性的影响；边缘云的服务器负责平衡服务器负载，以实现最大的服务效率和系统吞吐量。

3.3.1 在线任务分配与调度模型

在计算卸载问题中，任务的分配和调度问题是至关重要的。

任务分配问题指的是：任务经过划分后，需要将任务从终端设备分配到边缘服务器。分配任务时，需要结合任务的计算成本、任务与服务器之间的传输成本、边缘服务器的情况等因素生成分配策略，按照分配策略将任务分配到最合适的边缘服务器上进行计算。

任务调度问题指的是：当一定数量的计算任务被卸载到边缘服务器或云服务器上后，需要设计服务器上的调度算法来决定任务队列中任务的计算顺序。另外，在满足更优化的成本的情况下，调度策略中存在将当前服务器上的任务迁移到其他服务器的可能。

在线模型和在线智能是边缘计算的固有需要。一个在线的边缘计算场景中，用户、任务以及相关的数据以任意时间、次序到达边缘计算系统。对于在线到达的计算请求，边缘计算环境需要生成实时决策。解决方案需要满足简洁、易在分布式网络结构中部署的条件。并且由于边缘计算场景的开放性和动态性，网络、计算环境将随着时间和空间动态变化。

在线任务分配与调度模型可以按照服务器模型、任务模型、任务的可抢占性、任务的迁移性以及优化目标进行区分。

① 服务器模型可分为相关机器模型（Related Machine Model）和不相关机器模型（Unrelated Machine Model）。相关机器模型的任务在服务器上的处理时间是由任务大小除以服务器的计算速度来计算的，尽管机器存在异构性，不同服务器中的任务处理时间却是相关的。而不相关机器模型的任务处理时间依赖于任务与服务器，服务器之间的任务处理时间是不相关的。

② 任务模型可以被分为单任务模型（Single Job Model）、协同任务模型（Co-Task Model）与 DAG 任务模型。单任务模型指的是任务是原子性的、不可分割的，且任务之间不存在依赖关系。协同任务模型指的是当一个特定的应用程序被调用时，我们调用它的每个请求作为一个协同任务, 每个协同任务都包含许多子任务。我们的调度程序将把它的子任务分派给服务器，只有当该协同任务相对应的所有子任务都已完成时，该协同任务才被认为已完成。由于任务的复杂性，有时子任务之间存在依赖关系，子任务需要在父任务完成后才能执行，任务之间的依赖关系形成 DAG 结构，因此被称为 DAG 任务模型。

③ 任务的可抢占性（Preemption）指的是在服务器上的任务调度过程中，执行当前任务的处理器是否可以被其他任务抢占执行。如果可以，则该调度模型被称为抢占式调度模型。非抢占式调度模型下的任务在处理器上开始执行后，必须先执行完当前任务，然后才能执行另一个任务。

④ 任务的迁移性（Migration）指的是将任务分配到某一服务器上之后，是否可以遵循一定的迁移策略将任务再迁移到其他服务器。迁移的过程中将会产生一定的迁移成本。

⑤ 优化目标指的是在线任务分配与调度模型协同优化边缘计算系统任务卸载过程中的一个或多个目标。其优化目标通常包括最小化计算时间、最小化响应时间、最小化加权响应时间、最小化加权周转时间、最小化完工时间、最小化能量消耗、最小化工作负载等。

基于以上划分，本节对一个在线任务分配与调度模型进行如下定义：首先在边缘云系统中，共有 k 个异构边缘云服务器，表示为 $K=\{s_1,s_2,...,s_k\}$，每一个服务器对部分移动应用提供服务。其中，边缘云服务器集合 K 中包含距离较远，但是具有强大处理能力的远程云服务器。任务被表示为 $J=\{j_1,j_2,...\}$，其中，任务集 J 中的每一个任务都是原子性的和不可分割的。r_j 表示为任务 j 发布的时间，当任务发布后，终端设备就会将任务分配给边缘云服务器，并且当任务分配后，不会迁移到别的服务器上，由此，无须考虑任务迁移所带来的成本。当任务 j 分配到服务器 s_k 后，任务在服务器上的处理时间表示为 p_{kj}。任务的响应时间指的是任务发布到任务完全结束之间的时间。对于任务 j 和服务器 s_k 之间，设定一个时延敏感度 w_{kj}，如果任务无法被分配到服务器上，则设定 w 值为无穷大。加权响应时间（Weighted Response Time，WRT）指的是时延敏感度与响应时间的乘积。

3.3.2 在线任务分配与调度算法

为解决在线计算卸载问题，笔者 [4] 基于上述系统模型，以最小化总加权响应时间为目标，设计了一个在线的、考虑任务上传和下载时延的计算卸载问题的通用模型，提出了第一个在线近似算法 OnDisc 算法，该算法在速度增强模型 [19] 下具有可扩展性。OnDisc 算法中的优化目标加权响应时间的权重由任务对时延的敏感度所决定。

OnDisc 算法使用竞争比作为评估在线算法的指标，竞争比定义为在线算法和离线最优算法在任何可能的作业集上的性能之间的最大之比。因此，这是在线算法的最坏情况分析。OnDisc 算法采用速度增强模型，其中在线算法的服务器速度和数据传输速度是最优离线算法的 $(1+\epsilon)$ 倍。

考虑到实际情况，在 OnDisc 算法中遵循着以下几点假设。

① 在线到达。任务以任意时间、次序在线到达。在大多数工作中，假设任务的发布和到达过程遵循着某种已知的随机过程，因此可以对这些工作通过任务的统计规律来实施有效的调度策略。然而，在实际过程中，基于已知随机过程的优化方案可能会由于任务到达的动态变化偏离了假设的分布，从而无法获得理想的效果。

② 不相关机器模型。在大多数工作中，选用的是相关机器模型，一个任务在服务器上的处理时间是由任务大小除以服务器的计算速度来计算的，尽管机器存在异构性，不同服务器中的任务处理时间却是相关的。在 OnDisc 算法中，选用了不相关机器模型。假设每个任务在每个服务器上都有一个与机器相关的处理时间，并且在不同服务器上的任务处理时间之间没有相关性。

③ 加权响应时间。加权响应时间（Weighted Response Time，WRT）指的是 OnDisc 算法在每个作业的响应时间的基础上乘以任务与服务器之间的权重，该权重表示任务对时延的敏感性，时延敏感性高的任务将被分配更大的权重，从而以更高的优先级为它们提供服务。

④ 上传和下载时延。对于任务 j 与服务器 s_k，有一个上传任务至服务器的上传时延 $\Delta_{kj}^{\uparrow}$ 和一个下载服务器返回的计算结果的下载时延 $\Delta_{kj}^{\downarrow}$。

基于上述假设，OnDisc 算法研究了一种不需要考虑任务到达规律的在线任务分配与调度方案。

1. 调度策略

首先，OnDisc 算法设置了任务 j 到服务器 s_k 的任务加权密度，如式 (3.13) 所示。

$$d_{kj} \triangleq \frac{w_{kj}}{p_{kj}} \tag{3.13}$$

接着，令 $p_{kj}(t)$ 为时刻 t 的剩余处理时间，定义在时刻 t 的剩余加权密度为 $d_{kj}(t)$，如式 (3.14) 所示。

$$d_{kj}(t) \triangleq \frac{w_{kj}}{p_{kj}(t)} \tag{3.14}$$

令 $A_k(t)$ 表示在时刻 t 已经到达服务器 s_k，尚未完成计算的所有任务。OnDisc 算法的调度算法遵循着最高剩余密度优先的原则。该算法被称为最高剩余密度优先（Highest Residual Density First，HRDF）算法。易知，在任一时刻 t，如果 $d_{j_1}(t) > d_{j_2}(t)$，则对于任意 $t' \geqslant t$，均有 $d_{j_1}(t') > d_{j_2}(t')$。由此可以避免服务器上的任务频繁切换。当所有任务都具有相同的权重 w 时，HRDF 策略即等同于最短剩余时间优先（Shortest Remaining Processing Time，SRPT）策略。

2. 分配策略

分配策略基于贪婪的思想，期望使分配动作对总剩余加权密度的贡献最小。该贡献分为 3 个部分。

① 在服务器 s_k 上和即将到达服务器 s_k 的任务中，存在对于任务 j 的 I 类任务，它们的剩余加权密度大于任务 j，任务 j 需要等待它们完成后才会开始计算。则这部分的贡献为 w_j 与任务 j 在队列上需要付出的等待时间的乘积。I 类任务被表示为 $A_{kj}^1(t)$。

② 任务 j 自身的处理时间与传输时延也对总 WRT 产生贡献。

③ 在服务器 s_k 上和即将到达服务器 s_k 的任务中，存在对于任务 j 的 II 类任务，它们的剩余加权密度小于任务 j，它们需要等待任务 j 完成计算后才会开始计算，则这部分贡献为这些任务的权重与 II 类任务在队列上需要付出的多余的等待时间的乘积。II 类任务被表示为 $A_{kj}^2(t)$。

任务 j 分配到服务器 s_k 所产生的对总剩余权重密度的贡献表示为 $Q_{kj}(t)$，如式 (3.15) 所示。

$$Q_{kj}(t) = \frac{1}{1+\epsilon} \cdot \left\{ w_{kj} \sum_{(j',t') \in A_{kj}^1(t)} p_{j'}(t') + w_{kj}(p_{kj} + \Delta_{kj}^{\uparrow} + \Delta_{kj}^{\downarrow}) + \sum_{(j',t') \in A_{kj}^2(t)} p_{kj}(t') w_{kj'} \right\} \tag{3.15}$$

其中，$\dfrac{1}{1+\epsilon}$ 为速度增强因子。

综上所述，OnDisc 算法如算法 3.7 所示。

算法 3.7 OnDisc 算法

任务分配: 当任务 j 在 $t = r_j$ 时发布，被分配到服务器 $s_j^* = \arg\min_{s_k \in K} Q_{kj}(t)$

任务调度: 在任意时刻 t'，服务器 s_k 处理任务 $j^* = \arg\min_{j \in A_k(t')} d_j(t')$

对于一个实际的云边端协同问题，需要考虑分配与调度策略的分布式部署和应用的问题。OnDisc 算法同时给出了分布式部署和应用的方案，首先，服务器上的调度算法遵循上述的 OnDisc 算法的调度算法；其次，需要考虑如何分布式地应用 OnDisc 算法中的任务分配策略。

第一步，终端设备将任务 j 的上传时延、下载时延、处理时间和权重信息发送各服务器。

第二步，每个服务器 s_k 计算 $Q_{kj}(t)$，并将该值发送给终端设备。

第三步，终端设备获取所有 $Q_{kj}(t)$，将任务分配给使得 $Q_{kj}(t)$ 最小的服务器。

OnDisc 算法在速度增强模型中具有可扩展性，对于任意常数 $\epsilon \in (0,1)$，在 $(1+\epsilon)$ 速度增强下，实现 $O\left(\frac{1}{\epsilon}\right)$ 竞争比。实验结果表明，在保证系统中远程云服务器数量的基础上，OnDisc 算法与分布式 OnDisc 算法是性能最优的算法。

3.3.3 其他在线任务分配与调度模型

OnDisc 算法对于原子性的、不可分割的任务进行分配和调度，且任务之间不存在依赖关系。然而，在一些实际问题中，任务之间存在依赖关系，构成协同任务或 DAG 任务，Liu 等人 [20] 设计了一个在线算法 OnDoc，以列表调度的方式将 DAG 任务通过优先级排序，得到该 DAG 图的调度顺序，随后合并多个 DAG 图的调度列表，得到多个请求的任务调度列表。

有些学者考虑了任务的分配与调度过程中的功能配置问题。由于边缘服务器的资源限制，服务器上可配置的功能是有限的，所以在当一个任务到达服务器时，需要考虑该任务是否已在当前服务器上完成功能配置，如果未完成功能配置，则需要考虑从云资源中心进行下载，并考虑其中的配置成本来制定策略。在 OnDoc 算法和 OnDisco 算法 [21] 中均考虑了功能配置成本，OnDisco 算法通过任务的需要来决定将功能配置在边缘服务器上还是发送到具备所有功能配置的远程云服务器中，OnDoc 算法通过学习来获得系统功能配置的总数。

在实际的边缘云系统中，均需要考虑机器环境和应用的异构性。不同的任务对时延的敏感性是不同的，然而大多数工作只考虑对一种应用函数，或对多种应用函数分别进行计算，Zhang 等人[22] 提出了 O4A 算法，考虑了多种异构应用函数共存条件下的在线作业调度策略，目标是最大化边缘系统中所有任务的总效用。Im 等人[23] 考虑了异构机器环境下的迁移能力和总体收益的调度问题，首先证明了在异构环境中，迁移不会给算法带来太多额外的能力，并且提出了一个竞争比为 $O\left(\frac{1}{\epsilon^2}\right)$ 调度算法。此外，该团队[24] 还证明了最高密度优先（Highest Density First，HDF）算法对于所有的代价函数同时在 $(2+\epsilon)$ 速度增强下实现 $O(1)$ 竞争比。

除了以加权响应时间作为优化目标，Meng 等人[25] 研究了边缘计算中考虑带宽限制的在线任务分配与调度算法，提出了 Dedas 在线算法，贪婪地考虑新到达任务对当前任务队列的替换以满足在截止时间前更多任务完成计算的目标。

3.4 缓存管理

移动边缘缓存利用了边缘服务器提供的存储资源，是 MEC 的使用案例之一。边缘服务器附近的移动设备可以通过无线接入的方式访问边缘服务器。由于边缘服务器距离移动设备更近，移动设备可以将其任务或文件缓存在附近的边缘服务器上，这样不仅扩展了本地移动设备的能力，还能够避免远程服务器与缓存连接的网络节点之间的重复传输。而且，随着存储成本的降低，在无线边缘端部署缓存变得性价比更高。

在移动边缘缓存中，用户设备发出的内容请求由包含所请求内容的某个节点响应。通常，域名系统（Domain Name System，DNS）将用户的请求重定向到能够满足内容的最近的缓存。

移动边缘缓存带来了许多优势。第一，由于移动边缘缓存是在比远程互联网内容服务器更靠近用户的网络边缘部署的，因此减少了获取用户请求的等待时间。第二，移动边缘缓存避免了通过回程链路传输数据，因此减少了回程流量。第三，移动边缘缓存有助于降低能耗，例如，当请求的数据缓存在小型基站时，可以避免从宏基站发送数据的能耗。第四，可以通过移动边缘缓存来提高频谱效率，例如，当多个用户请求相同的内容时，服务基站可以通过多播传输缓存的文件，该多播共享相同的频谱。第五，移动边缘缓存可以利用由移动边缘服务器收集的网络信息（用户偏好、文件流行度、用户移动性信息、用户社交信息和信道状态信息）来提高缓存效率，例如，可以探索用户社交关系以通过设备间通信来缓存和分发内容。

一般来说，边缘计算的缓存工作主要分为如下两类。

① 文件缓存。这类缓存是指将互联网中的视频、图片等文件缓存在边缘服务器上。当终端请求文件时，如果被请求的文件在请求之前已经被缓存在被请求的边缘服务器上，那么该服务器可以直接将被请求文件传输到请求终端，从而节省了从终端到云端的传输过程，达到了降低时延的目的。

② 任务缓存。这类缓存是指将请求任务所需的代码、运行环境等部署在边缘服务器上。当对应的任务到达已缓存任务信息的边缘服务器时，可以将任务直接在本地进行处理，从而达到了减少传输的目的。

3.4.1 缓存模型

缓存问题涉及两级存储系统中的文件替换策略，两级存储系统由小而快的缓存和大而慢的主内存组成。两级存储都被划分为大小为 1 可以存储文件的插槽（页）。每个缓存由 K 个这样的插槽（页）组成。每个文件 f 有两个属性，第一个属性是文件大小，即文件存储在缓存中需要占用的插槽的数量；第二个属性是文件的代价，即在主存中访问它的代价。一般情况下，这个代价与访问它所需的时间成正比，由于与访问主内存所需时间相比，访问存储在缓存中的文件的时间非常短，这个时间可以忽略不计，因此可以视为访问代价为 0。

缓存问题的输入是文件的请求序列。如果请求的文件已经在缓存中，则代价为 0。反之，如果请求的文件在请求到达时不在缓存中，则应将该文件从内存移动到缓存中，如果此时缓存已满，则可能还需要将原本存储在缓存中的文件替换为新文件，从而腾出空间。此时的代价等于被请求文件的检索代价，这种情况被称为缓存未命中。在标准模型中，算法必须将未命中的文件插入缓存中，这时可能会删除其他文件来为请求的文件腾出足够的空间。如果在允许旁路的模型中，当文件未命中时，请求将绕过缓存而直接在内存中访问此文件，但不一定需要将其插入缓存中。我们可以用前文介绍的竞争分析的思想来评估一个缓存算法的性能。

一般来说，文件缓存问题主要分为如下几种情况。

① 文件大小一致，代价一致。在这个限制下，文件缓存问题变成了前文介绍的分页问题。

② 文件大小一致，代价任意。在所有文件大小一致的条件下，这种特殊的情况被称作加权缓存。

③ 文件大小任意，代价一致或者代价与文件大小相同。在这种情况下，文件的缓存对于 Web 应用程序非常重要。例如，在浏览器中，远程文件被缓存在本地后能够避免远程检索而产生的代价。

④ 文件大小任意，代价任意。此时的条件是最一般的条件，包含了前 3 种情况。

3.4.2 LANDLORD 及旁路模型

1. LANDLORD 算法

LANDLORD 算法能处理代价任意和整数文件大小任意的在线缓存问题，并证明了算法是 k-竞争的。该算法推广了 LRU、FIFO 以及用于加权缓存的“平衡”算法。

算法流程如算法 3.8 所示。

算法 3.8 LANDLORD 算法

1: 对每个文件 f 维护一个非负的 credit(f)
2: **for** 每个文件请求 x **do**
3:     **if** 文件 x 在缓存中 **then**
4:         **repeat**
5:             **for** 所有缓存中的文件 f **do**
6:                 $\text{credit}(f) -= \Delta \cdot \text{size}(f)$，其中 $\Delta = \min\limits_{f \in cache} \dfrac{\text{credit}(f)}{\text{size}(f)}$
7:             移除缓存中 credit(f)=0 的文件 f
8:         **until** 缓存中存在 x 的存储空间
9:         将文件 x 插入缓存中，设置 credit(x)=cost(x)
10:     **else**
11:         重设 credit(x) 为其当前值到 cost(x) 之间的任意值

其中，每个文件被请求时，都会给出信用值（credit）。可以这样理解这个过程，每个文件被存储在缓存后都需要付出一笔“租金”，这个租金和它的文件大小、代价等有关，当一个文件的“租金”变为 0 时，它会被移出缓存，然后让出它的空间给下一个文件。内层循环停止条件是缓存有空间给新的文件，这保证了一定会有文件被替换出缓存。

2. LLB 算法

LLB 算法的全称为 LANDLORD with Bypassing，是 LANDLORD 算法的一个扩展。与 LANDLORD 算法的不同之处在于，LLB 算法能够采用旁路响应文件请求。算法维护一个实际缓存，该缓存中的每个文件都有一个由算法分配和维护的信用值。通常情况下，除非刚刚请求了一个文件并且算法正在决定下一步的操作，否则不在实际缓存的文件是没有信用值的，或者可以认为它们的信用值为 0。如果文件 f 未命中缓存，即文件 f 不在实际缓存中且被请求，那么该算法将会考察一个虚拟缓存 G。虚拟缓存 G 包含了实际缓存中存在的所有文件，且每个文件的信用值都和实际缓存的信用值相同。然后将文件 f 插入虚拟缓存中，并为它分配一个初始信用值，一般初始化信用值与其代价相同。虚拟缓存的大小最多为 $K + size(f)$。然后对 G 中所有文件的信用值循环减少并且保证这个过程所有的信用值都是非负的。当文件的信用值为 0 时，从虚拟缓存中删除该文件。重复上述过程直到虚拟缓存的大小最多为 K。如果虚拟缓存中的某个文件被删除，那么实际缓存中对应的文件也会被删除。如果文件 f 在算法停止前就被删除，那么会终止算法，并且对文件 f 执行旁路操作，然后处理下一个文件请求。如果 f 在算法停止后仍存在虚拟缓存中，那么会把文件 f 加入实际缓存中，并且其信用值与当前文件 f 在虚拟缓存的信用值相同，这个值可能会小于其代价，即它的初始值，但算法保证了它一定是非负的。算法流程如算法 3.9 所示。

显然，算法保证了每个不在实际缓存中的文件对应的信用值为 0。一个文件只有当它被请求时才会在没有被插入实际缓存的情况下获得非零的信用值，且它将被插入虚拟缓存 G 中。

算法 3.9 LLB 算法

1: 对每个文件 f 维护一个非负值 credit(f) 且保证 credit(f) $\leqslant$ cost(f)，初始化设为 0
2: 对于一个文件 x 的请求，如果 x 不在实际缓存中，那么做如下操作
3: 令 credit(x)=cost(x)
4: 令 F 为虚拟缓存，缓存中的文件包含实际缓存中的所有文件和文件 x
5: **while** size(F) $> K$ **do**
6: 　令 $\Delta = \min\limits_{f \in F} \dfrac{\text{credit}(f)}{\text{size}(f)}$
7: 　对每个文件 $f \in F$，令 credit(f)-=$\Delta\cdot$ size(f)
8: 　对每个文件 $f \in F$，如果 credit(f)=0，将 f 从 F 中移除
9: 移除实际缓存中的所有文件 f 且文件 f 满足 $f \notin F$
10: **if** $x \in F$ **then**
11: 　将 x 插入实际缓存中
12: **else**
13: 　旁路 x

3.4.3 边缘计算场景中的缓存问题

1. 转发模型和 Camul 算法

在边缘计算场景中，多缓存问题是研究的重点。在边缘计算场景中的缓存问题中，给定一个由 K 个插槽（页）和一组文件组成的缓存。当请求在线到达，且所请求的文件在缓存中时，代价为 0。否则，必须花费一定的获取代价将文件获取到缓存中。与远程云数据中心相比，边缘服务器的存储能力是有限的，因此只能在每个边缘服务器上部署部分文件，并且边缘服务器上的文件会以一定的策略进行更新，以便更好地服务在线请求。下面介绍一个移动边缘计算的典型示例，如图 3.4 所示。

在图 3.4 中，有一组通过互联网连接的异构边缘服务器和远程云数据中心。开始时，每个边缘服务器都可以从远程云数据中心配置一些初始应用程序。对于到达边缘服务器 s 请求文件 f 的请求 r，表示为 $r := (s, f)$。如果服务器 s 已经配置好了文件 f，那么可以在本地为其提供服务并且无额外代价，如图

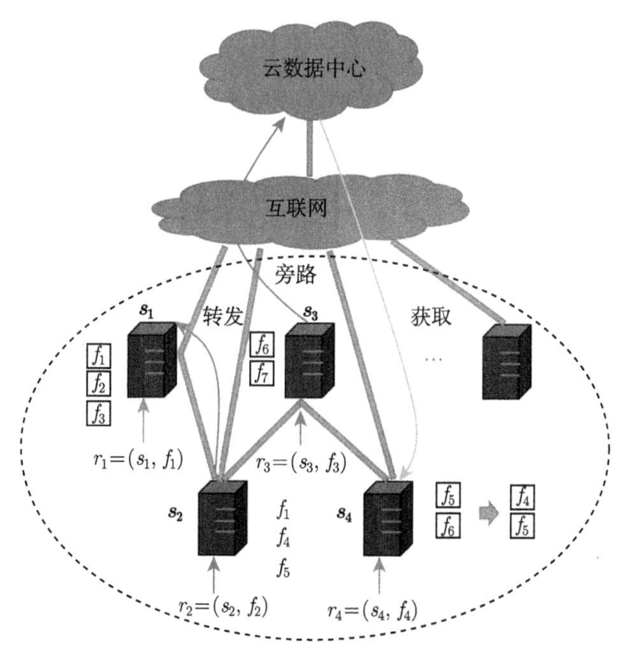

图 3.4 移动边缘计算的典型示例

3.4 中的请求 r_1 所示。如果应用程序不在服务器 s 上，那么可以选择将请求转发（Relay）到已经配置了文件 f 的附近的边缘服务器上进行处理，并需要花费转发代价，如图 3.4 中的请求 r_2 所示。也可以选择花费旁路（Bypass）代价执行旁路处理，直接绕过边缘服务器到远程云数据中心上，如图 3.4 中的请求 r_3 所示。此外，为了更好地服务后续请求，边缘服务器可能会从远程云数据中心获取（Fetch）某些特定的文件，并花费获取代价重新配置文件。如果服务器已经满了，还需要替换某些现有的文件以腾出空间。例如，为了服务请求 r_4，选择将 f_4 从云数据中心提取到边缘服务器 s_4 上，并选择替换 f_6。为了方便理解，接下来示例模型中的边缘服务器抽象为高速缓存，远程云数据中心抽象为内存，请求 r 则抽象为向缓存 s 请求文件 f。

假设 F 为文件集合，所有文件都在远程云数据中心上且都是可用的。令 $S := \{s_i\}_i^m$ 表示缓存集合，即边缘服务器集合。每个缓存 s_i 有 k_i 个插槽，当文件存储在缓存中时，每个文件占据一个插槽。用 $K := \sum_{i=1}^{m} k_i$ 表示插槽总数。对于文件 f_i，假设其文件大小为 z_i。请求 r，即请求缓存 s 的文件 f_i，用 $(s, f_i) \in F \times S$ 表示。当请求 $r := (s, f)$ 到达时，可以执行以下 4 种操作。

① 就地服务：如果缓存 s 中存有 f_i，请求可以在 s 上处理，此时不花费额外代价。

② 转发：如果缓存 s 中没有 f_i，且另一个缓存 $s' \neq s$ 中存有 f_i，请求可以转发到 s' 进行处理，此时需要花费转发代价 c_r。

③ 旁路：当前两种情况都不符合时，请求也可以被旁路到内存中，此时需要花费旁路代价 c_b，并且这种情况下，文件没有被获取到缓存中。

④ 获取：可以随时以代价 $c_f \times z_i$ 将 f_i 获取到缓存中，其中 c_f 为文件 f_i 的获取代价。获取 f_i 后，如果缓存已满，则需要替换缓存中原本存储的文件。同时，我们假设 $c_f > c_b > c_r$。

Camul 算法是具有旁路和转发的多缓存上的渐近最优在线缓存算法。该算法将旁路、转发和获取成本全部考虑在内，在不牺牲命中率的情况下降低了总成本，并证明了该算法的渐近最优竞争比为 $O(\log K)$。Camul 算法通过维护文件队列和请求队列，将队列长度和预先设置的 c_f、c_b、c_r 之间的比例关系进行比较，当达到阈值时才做出获取决策的方式，以达到最小化总代价的目标。在 Camul 算法中，每个缓存的插槽都被标记为 0、1、2，通过这种标记的方式对所有插槽进行分类，以便在获取文件的过程中确定需要插入的插槽，如果插槽的标记为 0，表明这个插槽未被标记。对于每个文件 f，Camul 算法维护了一个文件序列 $S_1(f)$；对于每个请求 r，Camul 算法维护了一个请求序列 $S_2(r)$。然后算法通过贪婪的策略确定 f 的基本代价，然后将 r 追加在 $S_1(f)$ 和 $S_2(r)$ 上。算法假设了两个参数，设 $\lambda = \left\lceil \dfrac{c_f}{c_b} \right\rceil$，且 η 为满足 $\lambda \geqslant \dfrac{c_f}{c_r}$ 的最小整数，定义 $\mu = \eta\lambda$。定义表明，λ 和 μ 是两个整数，分别反映了获取代价除以旁路代价和转发代价的比值，且算法设定，若 $|S_1(f)| = \lambda$，则称 $S_1(f)$ 是满的，若 $|S_2(r)| = \mu$，则称 $S_2(r)$ 是满的。若 $S_1(f)$ 是满的，说明对于同一文件执行旁路的总代价已经达到了获取的代价，因此 Camul 算法将调用“通用获取”算法，将对应的文件获取到缓存中，但不指定具体获取到哪个缓存下。若 $S_2(r)$ 是满的则表示对于同一请求，执行转发的总代价已经达到了获取的代价，因此 Camul 算法将调用“精确获取”算法，将对应的文件获取到指定的具体

的缓存中。算法具体流程如算法 3.10 所示。

算法 3.10 Camul 算法

1: 令 $\lambda = \left\lceil \frac{c_f}{c_b} \right\rceil$，令 η 为满足 $\lambda \geqslant \frac{c_f}{c_r}$ 的最小整数，且定义 $\mu = \eta\lambda$
2: 定义 $S_1(f)$ 和 $S_2(r)$ 分别为文件序列和请求序列，初始化为空
3: 对每个插槽 q 定义 $mark(q) \in \{0,1,2\}$，并且初始化 $mark(q)=0$
4: **for** 每个请求 $r=(s,f)$ **do**
5: 　将 r 追加到 $S_1(f)$ 和 $S_2(r)$ 上
6: 　**if** s 上的某个插槽存有文件 f **then**
7: 　　缓存命中，代价为 0
8: 　**else if** 另一个缓存 s' 的某个插槽存有文件 f **then**
9: 　　转发请求，代价为 c_r
10: 　**else**
11: 　　旁路文件 f，代价为 c_b
12: 　**if** $|S_1(f)|$=λ **then**
13: 　　通用获取文件 f
14: 　　额外花费通用获取代价
15: 　　清空 $S_1(f)$
16: 　**if** $|S_2(r)|$=μ **then**
17: 　　精确获取文件 f
18: 　　额外花费精确获取代价
19: 　　清空 $S_2(r)$

通用获取的算法流程如算法 3.11 所示。精确获取的算法流程如算法 3.12 所示。

可以看出，当请求在线到达时，Camul 算法首先用贪婪策略为其提供服务，如果请求的文件不在任何缓存中，则对其执行旁路操作，并考察是否需要执行获取操作，即从远程云数据中心获取文件。

① 贪婪策略：对于每个请求 $r:=(s,f)$，如果缓存 s 的某个插槽上存在文件 f，则可以直接在 s 上服务请求 r，此时代价为 0；如果 s 上没有存储 f

但另一个缓存 $s' \neq s$ 上存有文件 f，则请求可以转发到 s' 上进行处理，此时代价为转发代价 c_r；如果所有缓存中都没有文件 f，则执行旁路处理，此时代价为旁路代价 c_b。

算法 3.11 通用获取算法

1: 输入：请求 $r := (s, f)$ 及其对应的标记信息
2: **if** 缓存 s 中有插槽 q 满足 $mark(q) = 2$ 且 q 存有文件 f **then**
3: 　　**return**
4: **else if** 存在一个插槽 q 满足 $mark(q) = 1$ 且 q 存有文件 f **then**
5: 　　**return**
6: **else if** 存在一个未标记的插槽 q 满足 q 存有文件 f **then**
7: 　　更新 $mark(q) := 1$
8: 　　**return**
9: **else**
10: 　　**if** 所有插槽都被标记过 **then**
11: 　　　　令所有插槽未标记
12: 　　在所有缓存中一致随机选择一个未标记的插槽 q
13: 　　将文件 f 获取到插槽 q 上，更新 $mark(q) := 1$
14: 　　**return**

算法 3.12 精确获取算法

1: 输入：请求 $r := (s, f)$ 及其对应的标记信息
2: **if** 缓存 s 中有插槽 q 满足 $mark(q) = 2$ 且 q 存有文件 f **then**
3: 　　**return**
4: **else if** 存在一个插槽 q 满足 $mark(q) = 1$ 且 q 存有文件 f **then**
5: 　　更新 $mark(q) := 2$
6: 　　**return**
7: **else**
8: 　　调用通用获取函数
9: 　　令 q 是一个满足 $mark(q) := 1$ 且存有文件 f 的插槽
10: 　　**if** 所有插槽都被标记为 2 **then**

11:     令所有插槽标记为 1
12:   令 p 是缓存 s 中随机选择的已标记的插槽
13:   交换 q 和 p 插槽的信息（包括标记信息和文件信息）
14:   更新 $mark(p) := 2$
15:   **return**

② 获取：从前面的假设可以知道，获取的代价 $c_f \times z_i$ 相对于转发代价和旁路代价来说是很大的，并且获取很可能会需要将缓存之前存储的文件替换，进而影响将来的请求的处理方式。因此，我们需要非常谨慎地做出获取操作。只有在处理了足够多的请求之后，我们才能根据条件判断是否需要获取文件，并且需要将文件存放在最合适的位置。

在 Camul 算法中，前 3 行定义了所使用的参数和对象。由于获取代价高，算法将请求存储在序列 S_1 和 S_2（第 2 行）中，并且仅当序列已满时才进行取数。从第 1 行开始的循环是算法的主循环，每个在线请求都在循环的迭代中处理。第 2~8 行以贪婪的方式处理请求，算法的后续行用于维护缓存。如上所述，当一个序列已满时，我们在第 12 行和第 16 行执行获取操作。第 12 行中调用通用获取来处理因过多旁路而导致的获取，第 16 行中调用精确获取来处理因中继而导致的获取。下面将详细介绍这两个子函数。

在通用获取算法的第 1~7 行和精确获取算法的第 1~5 行中，我们谨慎地维护标记，以便两种算法的随机性不会相互干扰。通用获取算法的第 8~13 行和精确获取算法的第 6~14 行是实际的获取操作，我们使用随机性策略来选择要放置的适当插槽。此外，精确获取算法中的第 7~11 行还执行了额外的步骤来维护标记，以便精确获取算法不会干扰通用获取算法。

Camul 算法扩展了 Marking 算法，算法的确定性版本的竞争比为 $O(K)$，随机性版本的竞争比为 $O(\log K)$，其中 K 是所有缓存中的插槽（页）总数。在存在转发的情况下，与最前沿算法及其改进算法相比，Camul 算法可以将代价分别减少 85% 和 43%。实验表明，Camul 算法是最高效的算法。即使在缓存数量或缓存大小减少 80% 的情况下，Camul 算法仍可以实现几乎相同的性能。

2. 延迟命中模型

在 CDN 和 MEC 等实际应用中，由于物理距离较长，从远程数据中心获取丢失文件的时延可能超过 100 ms，而两个连续文件请求的平均间隔时间可能低至 1 μs，例如，每秒有 100 万个文件请求。而在从远程数据中心检索丢失文件的期间，是无法立即处理该文件的后续请求的，因此不应该简单地将其视为命中。这种情况也不同于简单的未命中，因为在将文件获取到本地服务器后，请求可以作为命中。因此，我们称这种情况为延迟命中（Delayed Hit）。此外，传统的缓存模型假设所有丢失的文件在被访问之前都必须被获取并存储在本地缓存中，而在与云相关的应用程序场景中，文件请求可以直接发送到远程云，并在远程云提供服务，我们称之为旁路。图 3.5 展示了基于云的系统中的在线文件缓存，其中有一个本地缓存服务器和多个远程数据中心，该系统具有文件未命中、命中、延迟命中和旁路的处理方式。X 的第一个请求在 T_1 到达。由于 X 未存储在缓存中，因此这是一次未命中，会从数据中心 1 获取 X，并且由于获取延迟，X 在时间 T_3 之前不会在本地缓存中就绪。然后，对 X 的另一个请求在 T_2 到达（$T_1 < T_2 < T_3$），它将被放置在缓冲区并在 T_3 服务，这是一个延迟命中。第 3 个 X 的请求在 T_3 到达，这是一个命中。对于 T_4 时到达的 Y 请求，我们选择直接旁路该请求，以避免缓存中的空间分配。

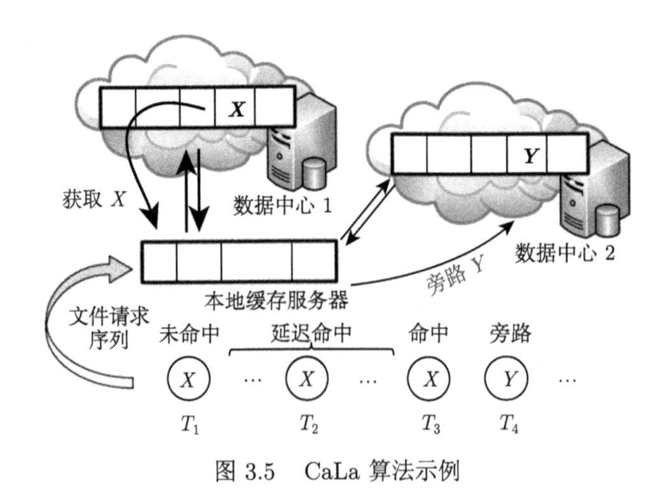

图 3.5 CaLa 算法示例

当请求在时刻 T 到达时，如果请求的文件 f 已经在本地缓存中，则该请求称为命中，并且可以立即处理，而无须延迟。否则，从远程数据中心获取该文件需要等待一段时间。或者可以转发该请求，从远程数据中心获取文件，即旁路该请求。算法将延迟设置为获取一个文件 f，占用 z_f 时间段。也就是说，直到时间 $T+z_f$，此请求才能被服务。算法还通过旁路占用 z_f 插槽来设置服务请求，因为它还需要与远程数据中心进行类似于获取的交互。在获取文件时，如果缓存已满，需要决定哪些文件应该被替换。在获取文件 f 并将其存储在缓存中之前，所有在时隙 $t' \in \{T+1, T+2, \cdots, T+z_f-1\}$ 处需要文件 f 的请求只能在时间 $T+z_f$ 时提供服务，且时延为 $z_f-(t'-T)$，这是延迟命中。这个问题的目标是最小化所有请求的总时延。

Sherry 等人 [26] 提出的 MAD 算法，是首个针对延迟命中设计的算法，但仅适用于文件大小和代价均一致的情况，且不具有理论性能保证。在此基础上，Zhang 等人 [27] 提出的 CaLa 算法，通过巧妙设置文件权重的方式，可将该问题规约到经典缓存问题上，以处理文件大小和代价均不一致的情况，并且允许旁路。该算法解决了具有延迟命中和旁路的在线通用文件缓存问题，该问题通过旁路来最小化文件请求的总时延，其中文件大小和获取时延都是不一致的。CaLa 算法的确定性版本的竞争比为 $O(Z^{3/2}K)$，随机性版本的竞争比为 $O(Z^{3/2}\log K)$，其中 Z 是文件的最大获取时延，K 是缓存大小。与处理延迟点击的最先进算法 LRU-MAD 算法相比，CaLa 算法可以在不旁路的情况下将时延减少 9.42%，如果允许旁路，则可以将时延减少 32.01%。

3.5 移动性管理

MEC 中的一个重要问题是服务迁移要解决用户移动性的问题。单个边缘服务器的覆盖范围有限，与用户终端（例如智能手机和智能车）的移动性之间的矛盾将导致网络性能显著下降，进一步导致 QoS 急剧下降，甚至中断正在进行的边缘服务，难以确保服务的连续性。因此，为了确保用户移动时服务的连续性，需要在网络边缘采用高效的移动性管理方案。

软件定义网络（Software Defined Network，SDN）作为一种新兴技术，为用户提供无缝和透明的移动性支持。在基于 SDN 的雾计算架构中，路由逻辑和智能管理逻辑部署在 SDN 控制器上，极大地简化了网络运维管理。让我们考虑一个实际场景，如图 3.6所示，当移动用户在左侧 MEC 节点的信号覆盖范围内时，如果我们想要最小化用户感知时延，则应该由最近的 MEC 节点（即左侧 MEC 节点）为用户提供服务。考虑到用户具有移动性，假设一段时间后，移动用户移动到右侧的 MEC 节点的覆盖范围内。那么，如果这个用户的服务配置文件仍然放在左侧的 MEC 节点来服务这个用户，他的感知时延会因为网络距离的延长而大大恶化。这个例子表明，为了优化 MEC 的用户体验，移动用户的服务配置文件应该在 MEC 节点之间动态地重新放置，以跟随用户的移动。

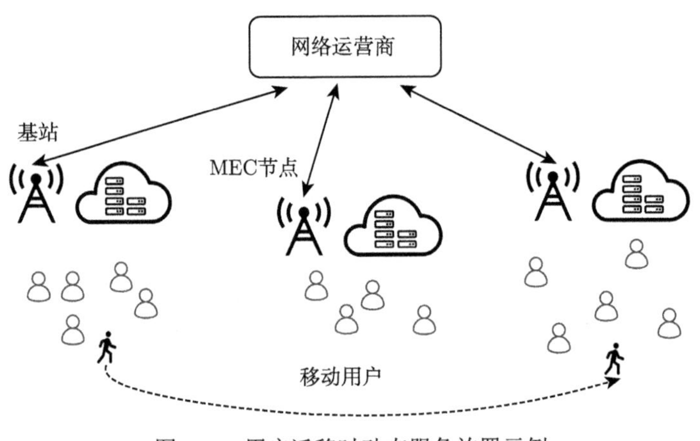

图 3.6　用户迁移时动态服务放置示例

然而，动态服务配置文件放置问题并不简单。一方面，用户感知的时延是由通信的时延和计算的时延共同决定的。因此，如果每个用户的服务配置文件都积极地放在最近的 MEC 节点上，那么一些 MEC 节点可能会过载，从而导致计算的时延增加。另一方面，随着用户的移动，需要在多个 MEC 节点之间进行频繁的业务迁移。这种频繁的业务迁移会产生额外的运营成本，例如使用昂贵的 WAN 带宽和系统性能。因此，高效的动态服务放置策略应该做到以下两点：第一，协调通信的时延和计算的时延，以最大限度地降低用户感知时延；第二，以高性价比的方式权衡性能和成本。

3.5.1　模型

MEC 中高效的服务放置策略的一个关键挑战是跟踪用户和设备的移动。在应对这一挑战时，一些工作是基于对未来信息的完美可预测性的假设，比如

Nadembega 等人 [28] 使用基于移动性的预测方案来平衡执行开销和时延，该方案预先估计了数据传输吞吐量、切换时间和 VM 迁移管理。此外，Wang 等人 [29] 进一步研究了如何通过预测数据传输、处理和服务迁移所产生的未来成本来放置服务。遗憾的是，在现实环境中准确预测用户移动性等未知信息极具挑战性。

为了应对用户移动性在实践中可能不容易预测的挑战，最近的另一类工作采用更温和的假设，即用户移动性遵循马尔可夫过程，然后应用 MDP 技术。Taleb 等人 [30] 利用马尔可夫链分析是否迁移服务，探索了服务迁移如何影响移动用户的感知时延。Ksentini [31] 以及 Wang [32] 尝试基于 MDP 确定服务迁移的最佳阈值决策策略。但是这些工作没有考虑动态服务放置的实际运营成本约束。

为了解决性能和成本平衡方面的挑战，Xu 等人 [33] 研究了长期成本预算约束下的移动边缘服务性能优化问题，在不对用户移动性做假设的前提下，实现了接近离线最优的性能。这里主要介绍该工作相关的模型。

1. 服务放置

这里使用二进制算符 $x_i^k(t)$ 表示动态服务放置决策变量，如果用户 k 在时间段 t 被放置在 MEC 节点 i 上，则 $x_i^k(t)=1$，否则 $x_i^k(t)=0$。设定在给定的时间段，每个用户都由一个且只有一个 MEC 节点提供服务。

2. QoS

在 MEC 的范式中，用户感知时延（QoS）是由计算的时延和通信的时延共同决定的。

计算的时延：使用 $R^k(t)$ 表示用户 k 在时间段 t 请求服务所需的计算量 (以每秒 CPU 工作的周期为单位)。则移动用户 k 在时间段 t 的计算的时延可以表示为 $D^k(t)=\sum\limits_{i=1}^{M} x_i^k(t)R^k(t)N_i(t)/F_i$, 而 $N_i(t)$ 是 MEC 节点 i 在时间段 t 内服务的用户数量，F_i 表示 MEC 节点 i 的最大计算能力。

通信的时延：使用 $H_i^k(t)$ 表示给定服务请求信息和用户当前位置时，用户 k 在时间段 t 到 MEC 节点 i 的通信的时延。而考虑到服务放置策略 $x_i^k(t)$,

通信的时延可进一步表示为 $L^k(t)=\sum\limits_{i=1}^{M}x_i^k(t)H_i^k(t)$。

联合考虑计算和通信的时延后，用户 k 在时间段 t 的时延可以表示为 $T^k(t)=D^k(t)+L^k(t)$。

3. 迁移成本

跨边缘传输每个用户的服务配置文件时，将导致大量使用稀缺且昂贵的 WAN 带宽。此外，跨边缘传输也增加了路由器和交换机等网络设备的能耗。

使用 $E_{ji}^k(t)$ 表示用户 k 从 MEC 节点 j 迁移到 i 的代价，则考虑到时间段 $t-1$ 的服务放置策略 $x_i^k(t-1)$，以及时间段 t 的服务放置策略 $x_i^k(t)$，并统计所有 N 个用户，在时间段 t 总的服务迁移代价可以表示为 $E(t)=\sum\limits_{k=1}^{N}\sum\limits_{i=1}^{M}\sum\limits_{j=1}^{M}x_j^k(t-1)x_i^k(t)E_{ji}^k(t)$

由于用户的移动性，为了确保所需的 QoS，应该主动迁移服务配置文件以跟随用户移动。然而，频繁的迁移会产生过高的运营成本。因此，一个自然的问题是如何以高性价比的方式进行迁移，从而平衡性能和成本。

4. 性能和成本平衡

考虑到网络服务提供商通常在长期（例如年度）成本预算内运营，这里使用 E_{avg} 表示 T 个时间段的平均成本预算。因此有 $\lim\limits_{T\to\infty}\dfrac{1}{T}\sum\limits_{t=1}^{T}E(t)\leqslant E_{\text{avg}}$。

进一步，在长期成本预算约束下最小化长期时间平均服务时延的问题可以表述为以下随机优化：

$$\mathcal{P}1:\min_{c(t)}\ \frac{1}{T}\lim_{T\to\infty}\sum_{t=1}^{T}\sum_{k=1}^{N}T^k(t) \tag{3.16}$$

3.5.2 算法

为了求解 $\mathcal{P}1$，首先将原始问题转换为基于李雅普诺夫（Lyapunov）优化的队列稳定性控制问题。

① 构建长期服务投放成本虚拟队列。这里将虚拟队列定义为超出迁移成本的历史度量，并假设初始队列积压为 0，因此有

$$Q(t+1)=\max[Q(t)+E(t)-E_{\text{avg}},0] \tag{3.17}$$

其中 $Q(t)$ 表示时间段 t 内的队列长度，也就是时间段 t 结束时执行的服务迁移的超出成本。为了确保时间平均服务迁移成本低于预算 E_{avg}，虚拟队列必须保持稳定，也即 $\lim\limits_{T\to\infty}\dfrac{EQ(T)}{T}=0$。虚拟队列的稳定性可以保证时间平均迁移成本不超过预算。

② 入队列稳定性。为了保持虚拟队列稳定，引入了一步条件李雅普诺夫漂移，将二次李雅普诺夫函数推向较低的拥塞区域，

$$\Delta(\Theta(t)) \triangleq \mathbb{E}\Big[L(\Theta(t+1)) - L(\Theta(t))|\Theta(t)\Big] \tag{3.18}$$

$\Delta(\Theta(t))$ 表示李雅普诺夫函数中迁移成本队列在一个时隙上的变化。

③ 联合李雅普诺夫漂移和用户感知时延最小化。在构建了成本虚拟队列之后，原来的问题已经被分解为一系列实时优化问题。我们的目标是找到一个当前的放置策略来协调感知时延和迁移成本。通过将队列稳定性纳入时延性能，这里定义了一个李雅普诺夫漂移加惩罚函数来解决实时问题。

$$\Delta(\Theta(t)) + V\sum_{k=1}^{N} T^k(t) \tag{3.19}$$

1. 在线服务放置算法

将问题 $\mathcal{P}1$ 转化为一系列实时优化问题（漂移惩罚上界最小化）后，在线服务放置算法的主要部分是解决问题 $\mathcal{P}2$。

$$\boldsymbol{\mathcal{P}2}: \min_{c(t)} \sum_{k=1}^{N}\sum_{i=1}^{M} x_i^k(t)\Big(\frac{VR^k(t)\sum_{k=1}^{N} x_i^k(t)}{F_i} + VH_i^k(t) + \rho_i^k(t)\Big) \tag{3.20}$$

为简化问题，这里使用 $U(c,t)$ 表示目标函数 $\mathcal{P}2$，c 表示可行的服务放置策略。

在线服务放置算法流程如算法 3.13 所示。

算法 3.13 在线服务放置算法

1: 初始时设置代价队列 $Q(0)=0$

2: **for** 每个时间段 $t=1,2,...,$ **do**

3: 　　求解问题 $\mathcal{P}2: c^*(t)=\arg\min(U(c,t))$

4: 　　更新虚拟队列：基于 $c^*(t)$ 运行 $Q(t+1)=\max[Q(t)+E(t)-E_{\text{avg}},0]$

在每个时间段 t，当求解问题 $\mathcal{P}2$ 时，可以获取近似最优的服务放置调度，并且迁移成本虚拟队列将随后更新以用于下一个时间段计算。但是该实时优化问题通常是 NP-hard 的，因此这里采取马尔可夫近似来为该问题获取一个接近最优的方案。

2. 基于马尔可夫近似的服务放置策略搜索

如算法 3.14 所示，在该算法中，将选择一个随机服务来更新其每次更新迭代的放置策略。在这种情况下，当且仅当迁移一个用户服务时，服务的状态才会从 c 转换至 c'。由于知道了目标迁移策略的性能，每个可行迁移调整的概率与两种放置策略总成本的差异成正比，表示如下：

$$q_{\mathbf{c},\mathbf{c}'}(t)=\alpha\exp\left(-\frac{1}{2}\beta\big(U(\boldsymbol{c}',t)-U(\boldsymbol{c},t)\big)\right)\tag{3.21}$$

在每次策略迭代期间，网络运营商将记录迄今为止找到的最佳策略。

算法 3.14 基于马尔可夫近似的放置策略搜索算法

1: 初始化服务放置策略 c，为每个服务随机分配一个 MEC 节点
2: **for** 每个服务放置更新迭代算子 **do**
3: 　随机选择一个服务 K 并执行如下操作：
4: 　对于其他所有可行服务放置策略计算界限 $U(c',t)$
5: 　按照公式 $q_{\mathbf{c},\mathbf{c}'}(t)=\alpha\exp\left(-\frac{1}{2}\beta\big(U(\mathbf{c}',t)-U(\mathbf{c},t)\big)\right)$ 计算的概率选择一个放置策略
6: 　将服务放置到新的 MEC 节点并更新服务放置策略
7: 　记录目前发现的具有最小 $U(c^*,t)$ 的放置策略

3. 基于分布式的最佳响应更新算法

如算法 3.15 所示，在分布式服务策略更新中，每个用户一般都是贪婪的，并采用最佳响应以确定的方式优化自己的放置决策。也就是说，最佳响应更新方法更强调对个体有效决策的利用，而不是探索随机决策，从而显著减少运行时间。

受非合作信道博弈的启发，这里考虑问题 $\mathcal{P}2$ 作为具有用户特定成本函数的拥塞博弈。给定所有其他用户的放置策略 $c_{-k} = c_1, ..., c_{k-1}, c_{k+1}, ..., c_N$ ，用户面临的放置问题是选择一个合适的 MEC 节点以最小化用户的感知时延和迁移成本，即

$$c_k = \arg\min_{c_k \in \mathcal{M}} U_k(c_k, \mathbf{c}_{-k}, t), \quad \forall k \in \mathcal{N} \tag{3.22}$$

服务放置问题的非合作性质引出了基于博弈论的公式，其中每个放置决策最终由用户设备以相互可接受的方式执行，即纳什均衡。

分布式服务放置策略搜索可以通过归纳达到纳什均衡，即假设一旦用户发送服务请求到连接的 MEC 节点，系统会为其服务分配一个唯一的 ID。然后，我们可以根据分配的 ID 的随机顺序更新所有服务放置配置文件。将待更新用户中当前最小的索引 k 分配给一个优选的 MEC 节点，以通过最佳响应更新实现其当前性能成本最小化。

$$\begin{aligned} c_k(r+1) =& \arg\min U_k\big(c_k, \{c_1(r+1), \cdots, c_{k-1}(r+1), \\ & c_{k+1}(r), \cdots, c_N(r)\}, t\big) \end{aligned} \tag{3.23}$$

其中 r 是策略更新的轮数。

算法 3.15 基于最佳响应更新的放置策略搜索算法

1: 初始化服务放置策略 $c(0) = (c_1(1), c_2(0), ..., c_N(0))$，随机为每个服务分配一个 MEC 节点，并设置迭代轮数 $r = 0$
2: **while** $c(r)$ 没有达到纳什均衡 **do**
3:     **for** 索引 $k = 1, ..., N$ 的服务 **do**
4:         选择合适的 MEC 节点，使得用户 k 可以最小化其代价 $U_k\big(c_k, \{c_1(r+1), \ldots, c_{k-1}(r+1), c_{k+1}(r), \ldots, c_N(r)\}, t\big)$，并得到对应的放置策略 c_k
5:     设置服务迁移配置为 $c(r+1) = (c_1(r+1), ..., c_N(r+1))$，并更新迭代轮数 $r = r + 1$

3.6 竞争定价

为边缘计算定价可以为边缘服务提供商提供更多的经济收益，从而推动边缘计算的发展。但是现实情况是，很少有研究涉及边缘计算的定价。因此，本节在第 3.2.4 节的基础上，提出了一个关于边缘计算的模型，并且在可以获得全部信息和只能获得部分信息的情况下提出了相应的机制算法来实现边缘平台计算资源的定价。

3.6.1 竞争定价的背景

对于边缘计算来说，制定合适的定价机制是至关重要的，因为边缘计算的发展和边缘服务器的部署都需要通过经济效益来推动。然而，现有的定价研究很少关注边缘计算场景。为了促进边缘计算的发展，我们提出了竞争下边缘定价博弈（Edge Pricing Game under Competition，EPGC）[34]，并研究了边缘平台的定价机制。我们的目标是最大化边缘平台的收入。每个用户都有一些计算资源需求，边缘平台决定资源的定价，用户选择在边缘平台或云平台购买资源。为适应实际场景，我们假设以下 4 种一般设置的情况。

多维计算资源： 通常考虑 3 种资源，CPU、内存和存储。

动态 VM 打包： 在每个时隙，平台可以根据用户请求的计算资源动态打包 VM。

不可分割的计算资源： 用户所需的计算资源应该全部分配在云平台或边缘平台，但不能同时分配在两个平台。如果一个用户的需求在两个平台都可以进行分配，我们将该案例分成两个不同的用户。

边缘平台的偏差： 为了模拟每个用户对边缘平台的个人偏好，我们将偏差定义为每个用户的偏好值。如果边缘平台的总费用高于云平台，但不超过偏差，用户将倾向于选择边缘平台。为了在边缘平台资源有限的情况下实现收益最大化，我们应该谨慎地设置边缘平台的价格以与云平台竞争。这是一个简单的例子，说明在边缘平台更好的定价可以用更少的资源获得更多的收入。

例 3.1 (示例) 图 3.7 展示了一个具有单一维度资源的示例，以显示设计适当定价机制的重要性。假设每个用户需要 1 个单位的计算资源，边缘平台的总容量为 4。图 3.7(a) 列出了 5 个用户的偏差值。当边缘平台价格为 4，云平台价格为 1 时，价格差为 3。在这种情况下，用户 1、2、4、5 会选择边缘平台，因为他们的偏差大于或等于 3，用户 3 会选择云平台。边缘平台和云平台的收入将分别为 16 和 1。如图 3.7(b) 所示，如果边缘平台的价格从 4 变为 6，则用户 2 将选择云，边缘平台和云平台的收入将分别为 18 和 2。

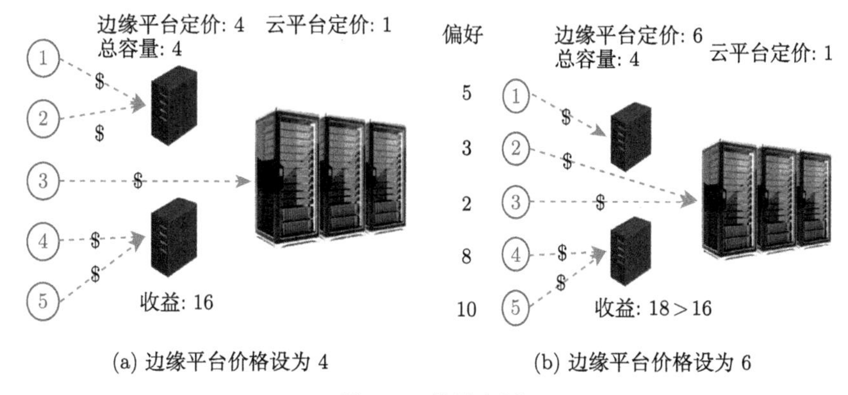

(a) 边缘平台价格设为 4　　(b) 边缘平台价格设为 6

图 3.7　模型实例

在分析了云边定价的重要性之后，为了更好地描述问题，我们将上述问题抽象成一个通俗的博弈模型，以便于更好地解决云边竞争的问题。

3.6.2　模型和纳什均衡分析

1. 模型定义

在本小节中，我们主要对博弈进行定义。在定义博弈之前，我们首先要确定博弈的前提，因此，我们首先介绍了博弈中的网络模型、定价模型和用户模型，并在这 3 个模型的基础上设计出了博弈。

网络模型：我们考虑一个时隙网络，每个计算任务都将在单个时隙内完成，这在边缘计算场景中是合理的。并且不失一般性，我们可以专注于单个时隙。有两个计算服务提供者：云平台和边缘平台。计算资源有 3 个维度，我们用 τ 表示维度数，其中 $\tau=$（1, 2, 3），3 个维度分别为 CPU、内存和存储，分别用 g=1, 2, 3 表示。至于可用的计算资源量，边缘平台的计算资源相对有限，而云平台的计算资源则是无限的。边缘平台不同类型资源的可用量记为 $C_g^e(g=1,2,3)$，平台的效用是用户支付的总费用减去提供计算资源的成本。

在这里为了简单起见，我们假设成本为零。所有结果都可以很容易地扩展到成本不为零的模型。

定价模型： 边缘平台和云平台之间的关系是竞争性的。两者都试图通过将计算资源出租给用户执行任务来最大化自己的收入。在实践中，云平台的规模通常远大于边缘平台。我们假设云平台首先为使用类型为 g 的计算资源单元设置价格 p_c^g。然后边缘平台决定 3 种不同资源的价格 p_e^g 以响应云平台价格最大化边缘平台的收入。请注意，如果边缘平台的总资源需求超过其容量，边缘平台将选择并租用计算资源给选择边缘平台的用户子集，其他用户的请求将被卸载到云端。边缘平台和云平台的收入分别表示为 u_e 和 u_c 。

用户模型： 有 n 个用户，每个用户都有一个计算任务在边缘平台或云平台上执行。用户 i 需要的资源表示为 d_i^g，边缘平台或者云平台会将需要的资源打包成一个 VM 来执行用户的请求。给定两个价格配置文件 $\{p_e^g\}$ 和 $\{p_c^g\}$，每个用户将选择从一个平台购买资源。在边缘计算场景下，边缘平台能够以比云平台更低的时延完成计算任务。所以用户更喜欢边缘平台来执行他们的任务。我们通过引入 v_i 来表示用户 i 的偏好。也就是说，如果边缘平台对用户 i 的收费与云平台收费的差值不高于 v_i，则用户会选择边缘平台。具体来说，用户 i 的特征是向量 $(d_i^1, ..., d_i^\tau, v_i)$，如果

$$\sum_{g=1}^{\tau} d_i^g p_e^g \leqslant \sum_{g=1}^{\tau} d_i^g p_c^g + v_i \tag{3.24}$$

他将选择边缘平台。

即使用户在给定价格的情况下愿意选择边缘平台，也有可能由于容量限制而没有被边缘平台选择。边缘平台的收益可以表示为 $u_e = \sum\limits_{i \in E} \sum\limits_{g=1}^{\tau} p_e^g d_i^g$，其中 E 是在边缘平台上执行计算任务的用户集合。基于以上设置，我们制定了 EPGC。

定义 3.11 (EPGC)　边缘平台作为效用最大化者。在给定云平台上的价格是 $\{p_c^g\}$ 后，边缘平台再决定价格 $\{p_e^g\}$。用户将根据他们的类型 $\{(d_i^1, d_i^2, d_i^3, v_i)\}$ 选择云平台或边缘平台。最终，边缘平台从受资源约束的候选者中选择一组用户。

2. 纳什均衡分析

在这里，我们首先声明在我们定义的模型 (EPGC) 中，其实不存在纳什均衡，其证明过程如下。我们提出了一个硬例子来证明纳什均衡不存在。我们认为有一种资源，即 $\tau=1$。有 3 个用户：$(d_1=10, v_1=3), (d_2=3, v_2=2), (d_3=6, v_3=1)$。边缘平台的容量为 $C_e^1=19$。由于 C_e^1 足够大，可以容纳所有用户的任务，边缘平台会选择任何负担得起价格的用户。边缘平台和云平台的价格分别表示为 p_e 和 p_c。对于边缘平台和云平台价格的任意组合，表 3.1 列出了 4 种情况。对于案例 1，边缘平台的价格会下降到一个正值，这样边缘平台就会有正的收入。对于案例 2，当 $p_c \leqslant 1$ 时，云平台的价格会增加 1 来提高收入；否则，边缘平台的价格将减少 1 以获得更高的收入。对于案例 3，当 $p_e \leqslant 3$ 时，边缘平台的价格将增加 1；否则，云平台价格将下降到案例 2 的价格以获得更高的收入。对于案例 4，当 $p_e \leqslant 2$ 时，边缘平台的价格将增加；否则，云平台的价格将下降到案例 3 的价格以获得更高的收入。对于所有的价格组合，无论是边缘平台还是云平台都会改变其价格以获得更高的收入。很容易将此证明推广到多种资源类型和部分价格。因此，不存在纳什均衡。这样就完成了证明。

表 3.1　边缘平台和云平台价格的任意组合

案例	价格关系	边缘平台收益	云平台收益
1	$p_e > p_c + 3$	0	$(10+3+6)p_c$
2	$p_e = p_c + 3$	$10p_e$	$(3+6)p_c$
3	$p_e = p_c + 2$	$(10+3)p_e$	$6p_c$
4	$0 \leqslant p_e \leqslant p_c + 1$	$(10+3+6)p_e$	0

由于并不总是存在纳什均衡，我们将重点关注定价策略。在实践中，云平台的规模远大于边缘平台。因此，边缘平台的策略只会对云平台的收入造成微不足道的影响，而云平台不愿改变其定价机制。因此，在本书中，我们关注边缘平台的定价机制。我们首先研究了完全信息条件下的最优定价机制。然后，我们在部分用户信息的设置下进一步设计真实机制。

3.6.3 完全信息

在本小节中，我们考虑具有完全信息的机制设计。每个用户的类型都是公共信息，既包括需求，也包括两个平台之间的偏差。如前文所述，我们专注于边缘平台的定价策略。尽管不存在纳什均衡，但边缘平台对于每组具有不同偏差和需求的用户总是有一个最优的收益机制。在一种机制中，我们需要指定价格是多少，以及由于计算资源有限而选择边缘平台服务的用户集。我们专注于设计一个“公平”的机制，不会为不同的用户设置歧视性价格，并且支付金额与用户在边缘平台上租用的资源量成正比。结果表明，设计最优机制是困难的。最优机制如算法 3.16 所示。

算法 3.16 最优机制

1: **输入** (d_i^g, v_i)，$g = 1, ..., \tau$，$i = 1, ..., n$；C_e^g，$g = 1, ..., \tau$
2: 初始化 $u_e = 0$，$A = \varnothing$
3: **procedure** OptimalAssignment(S)
4:     **for** 对所有满足条件的集合 **do**
5:         $(A, u'_e) =$OptimalKnapsack$(\{(\{d_i^g\}, v_i), i \in S\}, \{C_e^g\})$
6:         **if** $u'_e > u_e$ **then**
7:             $u_e = u'_e$
8:             $\{p'^g_e\} = \{p^g_e\}$
9:     返回 A，u_e，$\{p'^g_e\}$
10: $u_{\text{opt}} = 0$
11: **for** 对所有满足条件的集合 **do**
12:     $(A, u_e, \{p'^g_e\}) = $ OptimalAssignment(S)
13:     **if** $u_{\text{opt}} < u_e$ **then**
14:         $u_{\text{opt}} = u_e$
15:         $\{p_e^{\text{opt},g}\} = \{p'^g_e\}$
16:         $A_{\text{opt}} = A$
17: 返回 A_{opt}，$\{p_e^{\text{opt},g}\}$

引理 3.1 如果在算法 3.16 中有 $k \in [0,...,\tau-1]$ 类型资源的价格为零，那么至少有 $\tau-k$ 个用户对两个平台无动于衷。

问题 3.3 我们首先将资源需求按比例归一化——表示每单位偏差的资

源成本，然后每个用户可以用（$\tau-k$）维空间中的一个点来表示。边缘平台分别比云平台具有更高、相同或更低的效用。如果有少于 $\tau-k$ 个用户对两个平台无动于衷，我们总是可以在用户做出相同选择的情况下调整价格并增加边缘的收入。使用引理 3.1，我们可以列举出用户不选择两个平台的所有可能性。通过求解用户效用等价方程组，我们可以确定定价并计算相应的收益。而收益最高的定价就是最优定价。

算法 3.16 描述了边缘平台的最优机制。它首先列举了一组选择两个平台（即 S）的用户。OptimalAssignment(S) 以 S 作为输入，寻找最优价格以获得最大收益（算法 3.16 第 3 行 ~ 第 9 行）。对于 3/2/1 个用户的任意组合（算法 3.16 第 11 行 ~ 第 16 行），我们可以找到 1/2/3 套边缘和云的价格方案，并且有 0/1/2 种类型的资源，其价格为 0（算法 3.16 第 14 行）。然后，对于每个固定的价格计划，我们可以使用背包求解器找到放置在边缘平台上的最佳用户集 (算法 3.16 第 5 行)。算法 3.16 需要寻找 $O(n^3)$ 次最优背包解。总体时间复杂度为 $O(n^3 \cdot KS(n))$，其中 $KS(n)$ 是寻找最优背包解的时间复杂度，是一个伪多项式。

3.6.4 部分用户信息

在本小节中，我们考虑用户的需求是公开的，而他的偏差信息是私人的。我们希望该机制具有竞争力，即它可以在完整信息设置中产生最优收入的常数因子。为了实现这一点，我们假设任何用户只能为最优收入贡献一小部分。

根据启示原理，我们只需要关注真实的机制。我们采用事后真实机制，即用户的最佳策略只是真实地显示类型信息，而不管其他用户报告什么。它还使用户更容易做出决定，因为用户不需要考虑有关市场环境的任何其他信息。事后真实机制要求当用户获胜时，即被边缘平台选中，用户的出价与用户的支付无关。所以一个用户的支付只取决于其他用户的出价。

现在很明显，在先前的免费的设置中，设计收入最大化机制是不可能的。考虑有一个用户对边缘平台有极高的偏差，而所有其他用户的偏差都可以忽略不计并且是固定的。由于对高偏差用户的支付是固定的，因此任何事后真实机制都无法始终获得良好的收入。

我们考虑事后真实机制，首先征求用户的出价，用户将如实反映他们的偏差。然后我们为 3 种资源设定价格，并确定边缘平台会选择谁。定价的基本思路有两个：一是在供需相等时设置均衡价格；二是通过学习偏差的分布来设置更合理的价格。

1. 贪婪机制

遵循第一个想法，我们提出了贪婪机制。我们首先将 3 种资源的容量归一化为相同。如算法 3.17 所示，贪婪机制按照单位资源偏差的递减顺序对所有用户进行排序。依次选择用户，直到对某些资源的需求超过边缘平台的相应容量。然后将价格设置为过程停止的用户的单位资源偏差。用户 i 的单位资源偏差定义为 $(d_i^1, d_i^2, d_i^3, v_i)$。贪婪机制以需求为输入，收集用户的隐私信息，最后输出边缘平台选择的用户集合以及不同类型资源对应的价格。

算法 3.17 贪婪机制

1: **输入** (d_i^g)，$g = 1, ..., \tau$，$i = 1, ..., n$；C_e^g，$g = 1, ..., \tau$
2: 所有的用户汇报他们对于边缘平台的偏好 v_i，$i = 1, ..., n$
3: $S = \varnothing$
4: **for** 对所有的用户 i **do**
5: $\quad q_i = \dfrac{v_i}{d_i^1 + d_i^2 + d_i^3}$
6: 根据 q_i 对用户进行排序
7: **for** $k = 1, ..., n-1$ **do**
8: $\quad$ **if** 边缘平台没有满 **then**
9: $\quad\quad S = S \cup \{m(k)\}$
10: 返回 S，$\{p_c^g + q_{m(k)}\}$

如果用户对 3 种资源的需求不是很相关，算法 3.17 会很好地工作。所以资源的消耗在结果上是平衡的。在大多数高价值用户的需求都集中在同一类型资源的情况下，这种贪婪机制（算法 3.17）的表现很糟糕。考虑有 7 个用户的例子，前 3 个只需要第一种类型的资源。其他 4 个用户需要所有 3 种类型的资源。对于用户 $i = 1, 2, 3$，$(d_i^1, d_i^2, d_i^3, v_i) = (1, 0, 0, 1)$，对于用户 $i = 4, 5, 6, 7$，$(d_i^1, d_i^2, d_i^3, v_i) = (1, 1, 1, 2.9)$。

边缘平台将应用贪婪机制选择用户 1、2、3 并设置价格（1、1、1），收益为 3。由于我们拥有 3 种类型的资源，并且用户只会在单个维度上提供偏差，因此我们可以对每个单位的偏差有不同的定义。一种可能的修改是将用户 i 的每单位偏差定义为 $\dfrac{v_i}{\max\{d_i^1, d_i^2, d_i^3\}}$。边缘平台将选择用户 4、5、6 并且设置价格 (2.9/3、2.9/3、2.9/3) 应用修改后的贪婪机制，收益为 8.7。

2. 随机抽样机制

如算法 3.18 所示，在随机抽样机制中，在所有用户报告了他们的估值后，我们首先对一些用户进行抽样；然后我们学习他们的估值并计算样本的最优价格；接下来，我们将最优价格应用于剩余用户；最后，我们解决了一个背包问题。

算法 3.18 随机抽样

1: **输入** (d_i^g)，$g=1,...,\tau$，$i=1,...,n$；C_e^g，$g=1,...,\tau$
2: 所有的用户汇报他们对于边缘平台的偏好 v_i，$i=1,...,n$
3: $S=\varnothing$
4: **for** 对所有的用户 i **do**
5: 　　以 0.5 的概率将用户分为采样集和候选集
6: $(S_1,\{p_e^g\})=$ 最优机制 3.16$(\{(\{d_i^g\},v_i),i\in S\},\{C_e^g\})$
7: $T=\{i\in N\backslash S|v_i\geqslant\sum_{g=1,\ldots,\tau}p_g*d_i^g\}$
8: 在候选集中计算最后收益
9: 返回 A，$\{p_e^g\}$

定理 3.6 算法 3.18 不是完全真实的，而是事后真实的。真实性指的是用户只有诚实地报价才能获取最好的收益。

证明 当用户 i 被选为样本时，他没有误报的动机，因为他的效用注定为零。当用户 i 未被选为样本时，价格已经确定了。他报告的偏差只决定了他是否会在 T（算法 3.18 第 7 行）中。假设他在 T 中，他是否会在 A 中被选中已经由他的需求决定了，这是公开信息。如果用户 i 误报并因此成为 A 的成员，那么他只会得到负效用，因为他的偏差无法负担付款。如果用户 i 误报

并且不是 T 的成员作为结果，那么他的效用为零。所以，在任何情况下，误报都不会提高用户的效用。所以这个机制是事后真实的。

下面我们用一个例子来证明算法 3.18 是不真实的：在抽样之后，该机制学习到抽样用户的最优价格是 $(1,1,1)$，边缘平台的容量为 $(4,4,4)$。采样后剩下两个用户：用户 1 的类型是 $(2,2,2,20)$，用户 2 的类型是 $(3,3,3,10)$。用户 1 和 2 都可以负担得起价格。在我们的随机抽样机制中，用户 2 将被边缘平台选择，因为用户 2 的需求较大。结果，用户 1 的效用为零。这种机制是不真实的，因为用户 1 有报告 $(4,4,4,20)$ 的动机，这导致更高的效用为 $20-4-4-4=8$。

□

第 4 章　边缘计算中的 AI 部署

在云端执行机器学习是传统而广为人知的方法。大部分大型云服务提供商均已提供机器学习服务，支持多种机器学习框架以提供开放灵活的部署环境。云平台希望数据科学家和开发人员能够直接基于云服务提供商提供的云存储和数据仓库服务，快速轻松地训练和部署机器学习模型。

4.1　概　　述

机器学习模型所需的数据并非从云平台中产生，而往往是从传感器、手机、网关等边缘设备中产生。惠普公司 2016—2020 年曾计划在智能边缘技术和服务上投资 40 亿美元，帮助客户将其数据（从每个边缘端到任何云）转化为智能。2018 年 8 月，VMware 发布了扩展边缘计算战略，分享了开发将 VMware 混合云和多云环境扩展到边缘端的框架。微软也将在 IoT 上投资 50 亿美元，因为“IoT 正在发展成为新的智能边缘。”高德纳公司预测，到 2022 年，50% 的企业生成的数据将在传统的集中式数据中心或云端之外创建和处理，高于 2018 年的不到 10%，如工厂内、飞机上、石油钻井平台上、零售店里或医疗器械内。业界典型边缘智能应用如表 4.1所示。

机器学习服务将边缘端产生的数据转换为知识，首先需要在边缘端快速响应并处理本地产生的数据。在对接大量边缘设备的边缘云时代，为运行机器学习服务，相关企业在传统云机器学习服务的基础上仍需考虑其他方面。

① 数据从边缘端产生，而云端需要从边缘端采集数据以训练和不断完善机器学习模型。

② 高时延和高成本等问题使得将大量边缘端数据传输到云端数据中心变得不切实际。假设即使有 100 Mbit/s 的专网连接，将 10 TB 的数据传输到云端也需要将近 10 天。面对大量边缘连接设备每天生成 GB 级甚至 TB 级的数据，产生的时延对客户和服务提供商来说往往是难以承受的。

③ 大量设备的数据采样和传输仍会导致企业在基于新数据获取知识时产生时延甚至情况更恶化。计算机和传感器产生海量的数据，并且数据量正在迅速上升。正因为迁移所有数据通常是不切实际的，需要对数据进行“采样”(也称难例识别或未知任务发现)，并传输到云端。“采样”过程产生时间和资源上的成本。“采样”到传输上云的过程，都将延迟完整数据集（包括最新数据和历史数据）的分析，企业最终被迫等待最新数据集传输到云端才能进行处理。“采样”后的数据集也不一定能完全代表完整数据集，这可能带来精度损失。

④ 部分项目数据的隐私性和实时性需求导致数据迁移到集中式数据中心的方案不可选。

表 4.1 业界典型边缘智能应用

应用	提供的服务	技术指标
公共服务	在园区等公共场所部署摄像头，提供人脸识别、入侵检测等服务	数据源就近 AI 分析，减少数据上云的带宽，降低业务处理的时延，保障数据隐私，业务处理本地闭环
车路协同	车载摄像头、龙门/单杆摄像头识别路况，用于车辆碰撞预警和决策等	数据源就近 AI 分析，降低业务处理时延，需要小于 100 ms
工业智造	基于图像或其他传感器数据，检测工业产品质量，提供异常检测和质量控制等服务	数据源就近 AI 分析，降低业务处理的时延，数据合规，业务处理本地闭环，工业生产服务离线自治
虚拟现实（VR）或增强现实（AR）	边缘节点进行图像渲染	数据源就近 AI 分析，降低业务处理的时延，需要小于 15 ms

随着边缘设备的计算能力日益增强，将机器学习相关的计算任务嵌入边缘端，而不是在云端执行，成为一种必然趋势。当前主要有以下几种方法。

1. 云端训练，边缘端推理

云端训练并将模型传输到边缘端，推理等工作可在接近数据的位置执行。这是最简单的方法，因为它保留了云端机器学习开发的易用性和灵活性，但同时又能在靠近数据源的地方执行算法。因此，可以应对边缘端的实时推理需求。仅当少量数据需要额外的处理资源时，需要传输到云端，以弥补边缘设备资源的局限性，例如数据科学家需要训练新的机器学习模型或使用新的算法时，也主要借助云端来解决。这种模式实现简单、开发轻松，可灵活选用云平台上开发算法的框架或其他环境；同时，云端可提供深度学习所需的大量资源，如 CPU、GPU、内存和硬盘。但是缺点也很明显，将数据从一个地理区域移动到另一个地理区域，由于数据中心到设备的距离长，容易导致服务时延高，云端难以获得边缘端的所有数据。为避免数据全部上云，机器学习模型要对训练数据进行智能采样。因此，云端机器学习模型的性能也取决于采样算法的性能，这也导致大数据加载缓慢。算法优化对于每个设备都是唯一的，甚至不同设备存在相互冲突的规则，很难在云端产生能同时服务于所有边缘设备的通用模型，尤其边缘设备往往还要求模型需要针对资源约束进行优化。设备由于容量限制，本地通常不保留历史数据，也很难与其他设备分享。同时由于数据孤岛问题，也无法轻松地从流经其他设备的数据中学习。

2. 边缘端训练，边缘端推理

这种方法指的是边缘设备的数据在对应边缘设备上进行训练和推理。这种方法通常利用智能边缘软件，如嵌入式系统或操作系统友好的图形用户界面（Graphical User Interface，GUI）环境作为开发环境。要在边缘端完全实现这一目标，开发人员通常依靠低代码平台、数字孪生或虚拟模型，定期更新生成的数据。这种模式的优点是可以基于完整的本地边缘端数据集开发高精度模型；可以解决隐私、合规问题；由于边缘设备的低时延，可以进行近乎实时的决策处理。尽管当前智能边缘软件开发生态已开始发展，但支持数据科学家和工程师在边缘端直接进行开发的边缘端软件的可选择性有限。而相关服务走向成熟需要边缘计算生态系统本身获得更多的关注、投资和支持。另外，完全在边缘端进行的机器学习难以支持长期的知识持久化和跨边知识联合分析。换句话说，这种方法难以将历史知识和其他边缘设备的知识作为训练和持续更新的一部分。这主要是受限于边缘端资源和跨边数据隐私合规等的限制。这个缺点在新边缘节点刚刚建立，不具备大量样本时尤为明显，容易导致数据精度低下，甚至模型无法收敛而使训练失败。

3. 云边协同的训练或推理

这种方法指的是训练或推理的机器学习任务是云端与边缘端协同完成的。对当前的业界来说，云边协同的训练或推理方法仍然不是一种显而易见或令人熟知的方法，但该方法能够更细粒度地同时权衡时延和建模精度。这种方法本质上是将机器学习训练或推理的过程分解为多个模块，使得各个模块的计算任务能够分别被调度到边缘端或者云端执行。以一种基于联邦学习的云边协同训练方法为例，它将数据预处理、特征工程和小规模本地训练部署在边缘端，获取的本地知识从边缘端传输到云端，最终在云端部署并完成大规模的分布式训练。这种训练方法的优点包括：无须直接将所有边缘端的原始数据全部传输到云端，也可避免将原始数据从其本地边缘端存储库传输到其他边缘端系统中执行机器学习分析，这点在因为数据隐私或合规等原因导致数据无法移动时尤其关键；可基于所有边缘端的完整数据集进行高精度建模，如联邦学习和迁移学习；可基于历史和更新数据，持续训练和改进边缘端的机器学习模型，做到越学越聪明，例如在边缘端自主补充数据实现“闭环”，以及在线或终身学习等增量学习方法。智能云边协同平台等相关生态已经建立，能够作为分布式、联合分析的底座。此平台的能力包含对云边系统的数据、模型等文件的传输、存储和计算调度，逐步实现近乎实时的流处理以及云边协同的机器学习算法训练微调，乃至在跨边缘端的分布式数据库上直接处理而不需要跨地域传输原始数据。但是云边协同的训练或推理方法涉及 AI 系统各个方面，技术路径复杂，研发周期长。其机制与算法设计离完全成熟还有差距，仍有问题待学界探索。同时，云边协同的训练或推理方法的使用范围和“杀手级”应用等仍有待挖掘。

本章主要关注云边协同 AI 技术需要对外提供的 AI 能力（AI on Edge），不包括利用 AI 技术来优化边缘平台本身的能力；云边协同 AI 技术需要具备的算法能力，不包括边缘 AI 硬件、软件框架（如 MindSpore）等。

特别需要说明的是，云边协同 AI 技术并不是一个与云 AI 或通用 AI 割裂的新领域。恰恰相反，云边协同 AI 技术是通用 AI 技术针对边缘场景特点，在云边协同新模式下的应用和优化。因此大部分通用 AI 技术研究，同样可以应用于云边协同 AI 场景。本章从实用角度，对边缘场景所需云边协同 AI 技术进行归纳，不区分“云边协同 AI 特有技术和优化”与“通用 AI 技术”。

4.2 技术挑战

在连接海量边缘节点的边缘云时代，随着 AI 服务与边缘用户的距离缩短，通用 AI 原有的部分技术挑战在边缘场景下变得更加尖锐。这里总结出了 4 项挑战，边缘云实践中的技术挑战如表 4.2 所示。

（1）资源受限

边缘端资源包括计算设备、供电设备、部署场地、AI 开发环境等，相对于便宜、按需获取的云端资源，这些资源往往是有限或者异构的，边缘端服务框架流程需要应对并兼容多种情况，建设与维护成本更高。

（2）数据孤岛

边缘端具有地理分布广的特性。AI 算法应用在工业领域时，往往面临数据无法共享、难以保护数据隐私、存在网络瓶颈等问题，导致数据集在地理上天然分割，AI 算法无法高效、准确地共同使用各个边缘节点的数据。传统集中式 AI 模式在边缘场景下的各项 AI 系统性能下降（包括收敛速度、数据传输量、模型准确度等）。

（3）小样本

单个边缘设备通常仅有少量样本，尤其在边缘端服务启动初期普遍出现冷启动问题。同时，边缘端大量非结构化样本的标注也比较困难，标注样本的数量较低。这导致传统大数据驱动的统计机器学习方法无法收敛或精度差。

（4）数据异构

边缘端测试样本的统计分布与训练集差异过大，通用 AI 模型在不同边缘端的不同情境中性能显著下降。对于同一个租户，业务繁多导致的不同输入输出的算法和数据复杂多样（也称长尾算法或长尾数据），此时云边协同 AI 服务框架流程需要同时应对和兼容相应业务数据，并统一权衡，实现资源高效调度。

总的来说，当前云边协同 AI 技术具有如下特点。

AR、VR、互动直播、视频监控等基于人机交互的多媒体行业场景以非结

构化数据为主。非结构化数据是指难以转化为便于信息系统进行语义解析的

表 4.2 边缘云实践中的技术挑战

案例	描述	边缘端需求	技术挑战
楼宇空调节能参数优化	冷机有多组参数可调，节能的关键是预测不同参数组合下的冷机能效比，推荐满足制冷条件下的最节能参数配置，如图4.1 所示	1. 启用新园区系统要具备边缘端冷启动能力，以实现快速交付。 2. 园区系统本地定制与自动闭环：边缘云服务在线采集数据，模型持续迭代。 3. 支持园区设备智能服务离线自治	**资源受限**：园区边缘设备的数据存储与处理能力有限，在支撑多个系统服务时，机器学习服务容易卡顿，本地数据也只能保存数月。 **数据孤岛**：同一租户在不同楼宇中的控制系统，甚至电力系统不互通。 **小样本**：新园区系统启用后，需要时间积累数据。冷机在所有工况下不支持对所有参数组合采样。 **数据异构**：不同园区设备模型差异大，不存在单一通用模型。受工况、寿命等影响，模型会随使用逐渐变化
煤炭工业流程优化	1. 安全帽检测：检测未佩戴安全帽人员目标，如图4.2 所示。 2. 配煤质量预测：配煤是炼焦的前置工序之一，是影响焦炭生产成本的关键因素。输入配煤单，预测产出焦炭质量，如图4.3所示	1. 工业生产工艺参数本地定制化精准预测、多因素多目标协同优化。 2. 工业自动闭环：自动标注，在线采集，模型持续优化 3. 保护个人数据隐私，工业数据安全合规。 4. 支持工业设备智能服务离线自治	**资源受限**：智能摄像头算力资源受限，难以满足复杂场景下视频数据的 AI 分析。配煤设备的数据存储与处理能力有限，难以满足优化过程推理服务频繁调用和数据长期存储的需求。 **数据孤岛**：数据属于不同租户，收集困难。 **小样本**：不同场景下样本小，难以支撑高性能模型训练。 **数据异构**：真实场景下（如不同视角、背景、远近、煤种、工艺）同一模型的结果差别巨大。同一个租户可以同时要求执行目标检测和回归预测任务，系统需要同时兼容并统一权衡资源

数值或统一格式的数据，如图像、文本等，通常由人直接处理，主要采用深度神经网络方法。四大挑战中最关键的部分在于未标注数据量大导致标注样本少，复杂系统下不相称的边缘端资源受限。

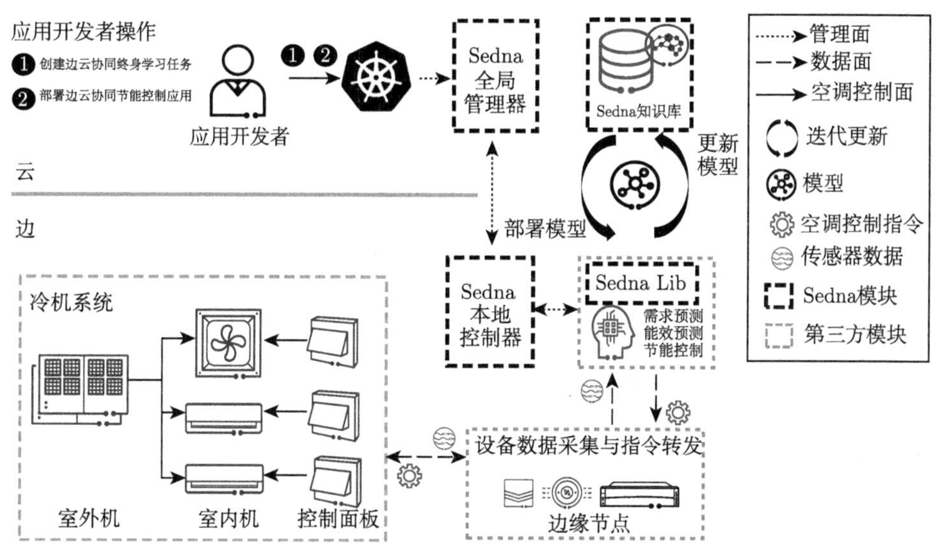

图 4.1 边缘云冷机推荐框架

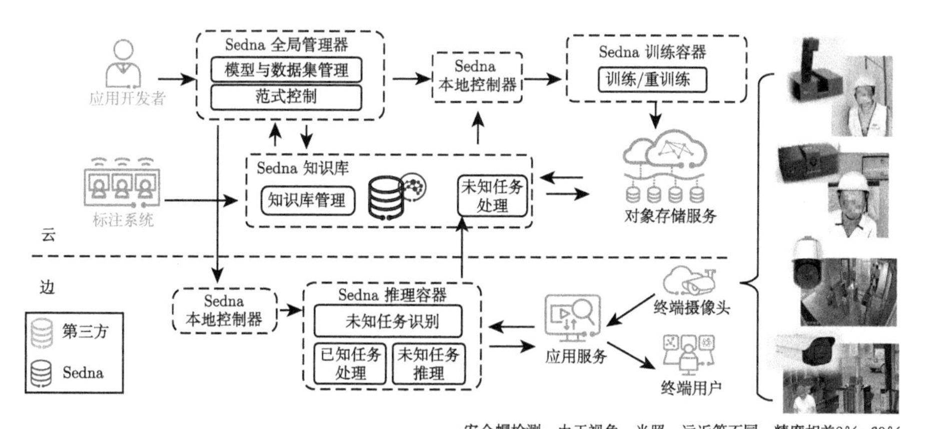

图 4.2 边缘云安全帽检测框架

工业、能源、金融等基于传统电子信息系统的行业场景下以结构化数据为主。结构化数据是指便于信息系统进行语义解析的数值或统一格式的数据，如数据库表格等，可由信息系统直接处理，主要使用非深度神经网络的机器学习算法，其算法建模方式多样，与业务相关性高。四大挑战中最关键的部分在于边缘端小样本、跨边数据孤岛，以及数据异构下的服务可靠性低和可解释性差等。

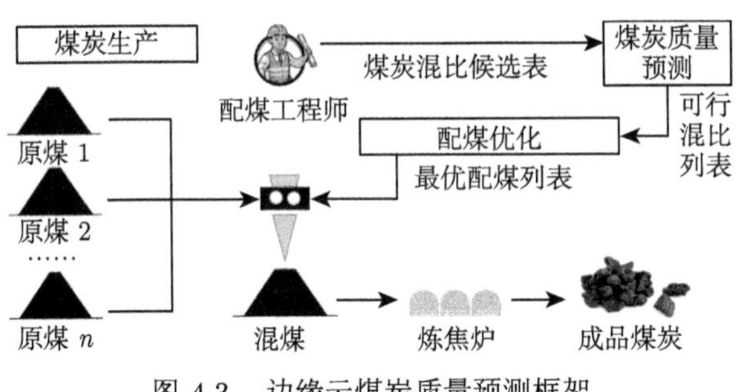

图 4.3 边缘云煤炭质量预测框架

4.3 云边协同推理

在传统云 AI 框架中，大规模深度学习（Deep Learning，DL）模型一般部署在云端，终端设备只需要将输入数据发送到云端，然后等待云端返回推理结果。然而，在传统仅基于云的 AI 框架中，时延敏感型的任务往往无法得到及时响应。此外，部分重要数据直接上传到云端也伴随着隐私泄漏与数据安全威胁等风险。为解决上述问题，我们需要边缘与云合理协作，并权衡好精度与时延的平衡。

边缘设备资源通常有限，因此如何在资源受限条件下提升模型推理性能，是边缘 AI 重要的研究方向。从是否需要云边协同角度出发，可以分为两类。

云边端协同推理：基本思路是对模型进行切割，分别部署在边缘端和云端，协同进行推理，以保护数据隐私；如果边缘端模型能够直接返回推理结果，则被称为提前退出推理（Early Exit of Inference，EEoI），也被称为早退网络，这样能够在不显著提升平均时延的情况下，优化边缘端推理准确度。

边缘推理优化：包括轻量化模型设计、模型压缩、软硬结合的模型优化等。业界和学界在边缘推理优化的研究方向包括：EEoI 的通用化研究，当前 EEoI 主要用于分类模型，学界在探索更普适的早退网络，覆盖更多场景（模型），并适应多端-多边-云的复杂模式；针对边缘节点的模型优化技术，包括通用的剪枝、量化、知识蒸馏等，压缩模型，减少模型推理的资源需求，以及上述技术需要重新训练（Model Tuning），在边缘计算资源受限、节点异构条件下，如何更好地重新训练。

接下来进一步介绍 4 种云边协同推理中的优化方法。

1. 边缘 DL 模型的优化

DL 任务往往是计算密集型的，需要占用大量内存。但边缘设备往往没有足够的资源来支持运行原始 DL 模型，这里我们可以通过利用 DL 模型冗余来对模型进行优化。优化方法为转换或重新设计 DL 模型，使它们适合边缘设备，并尽可能减少模型精度损失。本节讨论两种场景下的优化方法。

资源相对充足的边缘节点的一般优化方法： 一方面，以几乎恒定的计算开销增加 DL 模型的深度和宽度是一个优化方向，比如 Inception 网络和深度残差网络（ResNet）；另一方面，对于更一般的神经网络结构，现有的优化方法分为 5 类，参数剪枝和共享（Parameter Pruning and Sharing）；权重量化（Weights Quantization）；低秩因子分解（Low-rank Factorization）；转化/压缩卷积滤波器（Transferred/Compact Convolution Filters）；知识蒸馏（Knowledge Distillation）。

资源预算紧张的终端设备的细粒度优化方法： 除了有限的计算和内存占用之外，还需要考虑网络带宽、功耗等问题。我们从以下几个方面来探讨模型优化方案。

（1）模型输入

每个应用场景都有特定的优化空间。例如在对象检测方面，用于大规模视频分析的快速滤波系统（Fast Filtering System for large-scale Video Analytics，FFSVA）使用两个前置流专用过滤器和一个全功能 tiny-YOLO 模型来过滤大量非目标关键帧[35]。为了以低成本在线调整输入视频流的配置（如分辨率、帧数），Chameleon[36] 通过利用视频输入在时间和空间上的相关性，极大地节省了搜索最佳配置模型的成本，并且允许成本随时间和多个视频源摊销。此外，如图 4.4 所示，缩小分类器的搜索空间[37] 和动态感兴趣域（Region of Interest，

RoI）编码[38] 都聚焦于目标物体，以进一步减少带宽消耗和数据传输时延。上述方法可以在不改变 DL 模型结构的情况下显著压缩模型输入的大小，进而减少计算开销，但都需要深入了解应用场景并挖掘潜在的优化空间。

（2）模型结构

不关注特定应用，只关注深度神经网络（Deep Neural Network，DNN）结构的优化也是可行的。例如逐点群卷积和通道洗牌[39]、并行卷积和池化计算[40]、深度可分离卷积[41] 可以在保持准确性的同时大大降低计算代价。NoScope[42] 利用了两种类型的模型而不是标准模型（如 YOLO）：一种是放弃标准模型的通用性以换取更快推理的专用模型，另一种是识别输入数据之间时间差异的差异检测器。在对每个模型的模型架构和阈值进行基于成本的高效优化之后，NoScope 可以通过级联这些模型来最大化 DL 服务的吞吐量。如图 4.5 所示，参数剪枝也可以自适应地应用于模型结构优化。

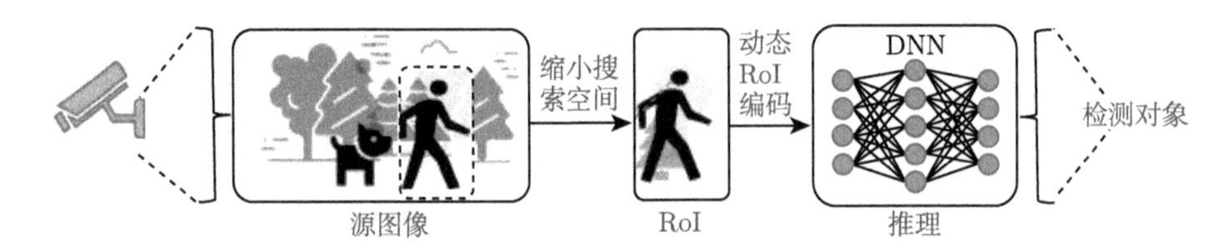

图 4.4 缩小分类器的搜索空间

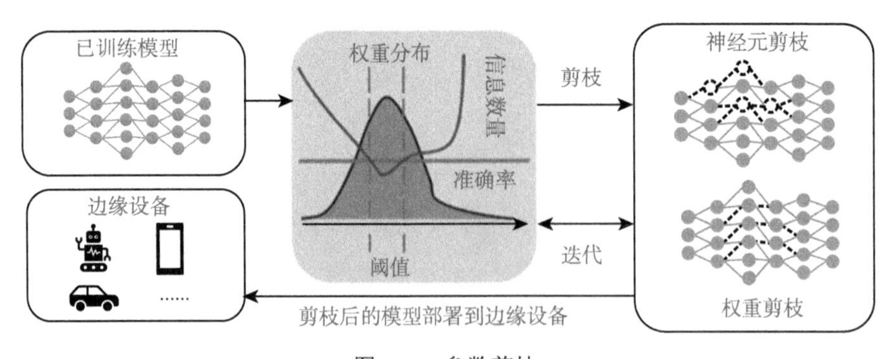

图 4.5 参数剪枝

（3）模型选择

在应用场景中，往往需要在诸多 DL 模型中，根据精度和推理时间选择最佳模型。在参考文献 [43] 中，作者使用 kNN 自动构建一个由按序排列的 DL 模型组成的预测器，然后根据预测器以及输入模型的一组自动调整的特征确定模型。此外，结合不同的压缩技术（如模型剪枝），可以得到在性能和资源需求之间进行不同权衡的多个 DL 模型。AdaDeep[44] 基于 DRL，可以探索性能与资源约束之间的理想平衡，可根据当前可用资源自动选择压缩技术（如模型剪枝）获得合适的压缩模型。

（4）模型框架

考虑到 DL 较高的内存占用和计算需求，在边缘设备上运行 DL 模型需要专门的软件和硬件框架。在软件方面，一个合适的边缘 DL 软件框架应该满足以下 4 点：提供一个优化的软件内核库，支持 DL 部署；通过寻找最小数量的非冗余隐藏元素，自动将 DL 模型压缩成更小的密集矩阵；对所有常用的 DL 模型进行量化和编码；将 DL 模型专门用于上下文，并能与多个同时执行的 DL 模型共享资源。在硬件方面，在静态随机存储器（Static Random Access Memory，SRAM）上运行 DL 模型往往比在动态随机存储器（Dynamic Random Access Memory，DRAM）上运行更加节能。因此，如果底层硬件直接支持在 SRAM 上运行优化的 DL 模型，DL 模型的效能将会更好。

2. 网络切割

在传统云 AI 框架中，边缘端向云端上传数据是目前 DL 服务性能的瓶颈。网络切割（Segmentation of DL Models）指的是将 DL 模型在云边端间进行切分，协同推理，平衡计算资源、网络时延、设备能耗和数据隐私等条件。划分 DL 模型并进行分布式计算可以获得更好的端到端时延性能和能量效率。此外，通过将部分 DL 任务从云端推到边缘端，可以提高云的吞吐量。DL 模型可以被分割成多个部分，然后分配给终端设备上的异构处理器（CPU、GPU）、分布式边缘节点或云节点。水平分割 DL 模型是最常见的分割方法，即沿端点、边缘端和云端进行分割，难点在于如何选择分割点。如图 4.6 所示，分割点的确定过程一般可以分为 3 个步骤：第一步，对不同 DNN 层（FCNN、CNN）的资源成本和层间数据大小进行测量和建模；第二步，根据具体的层配置和网络带宽预测总成本；第三步，根据时延、能量需求等因素，从候选分割点中选择最佳分割点。另一种模型分割方式是垂直分割，与水平分割不同的是，垂直分割将层融合，并以网格的方式进行垂直分割，从而将 CNN 层划分为独立分布的计算任务。

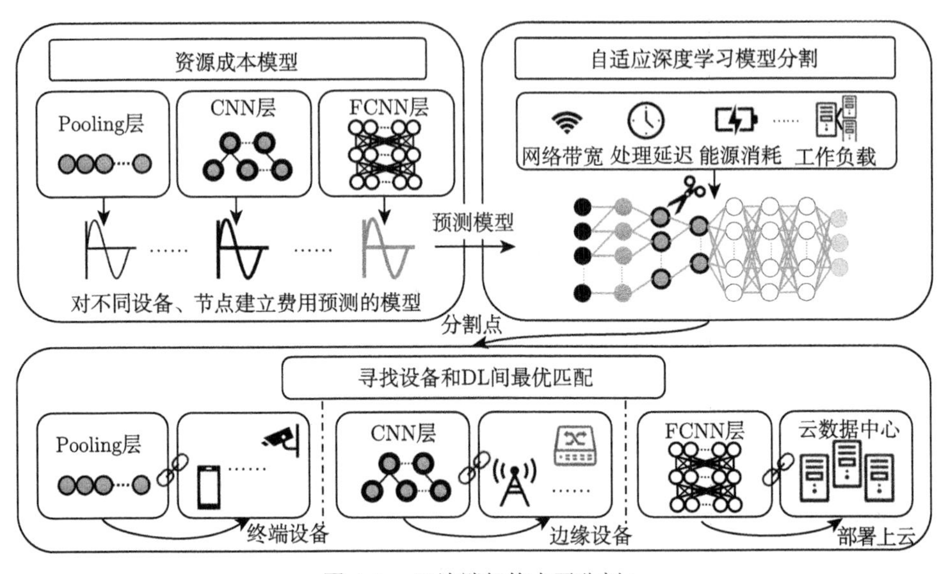

图 4.6 云边端架构水平分割

3. 早退网络

为了在模型精度和处理时延之间达到最佳平衡，可以为每个 DL 服务维护多个性能和成本不同的 DL 模型。然后，通过智能选择最优模型，实现预期的自适应推理。在此基础上，EEoI 的出现可以进一步完善精度和时延之间的平衡。EEoI 有时被称为“多出口网络”。与网络切割类似，也会将 DL 模型在云边端间切分，协同推理，不同点在于 DL 模型有多个出口，能够直接在端或边退出，给出推理结果。DNN 层中的额外层带来的性能改善是以增加前馈推理的时延和消耗的资源为代价的。随着 DNN 层越来越大，越来越深，这些额外的成本对于需要在边缘设备上运行的时延敏感型、资源敏感型任务来讲是不可接受的。通过附加的分支分类器，对于部分样本，如果有较高的可信度的话，EEoI 将允许这些分支提前退出。对于更困难的样本，EEoI 将使用更多或所有 DNN 层来提供最佳预测。图 4.7 所示的 EEoI 利用边缘设备上 DL 模型的浅层部分，快速地进行初始特征提取，实现快速局部推理。否则，部署在云端的额外的大型 DL 模型将执行进一步处理和最终推理。与直接将 DL 计算转移到云端相比，该方法具有更低的通信成本，并且可以获得比边缘设备上的修剪或量化 DL 模型更高的推理精度。此外，由于只有即时特性而不是原始数据被发送到云端，EEoI 提供了更好的隐私保护能力。

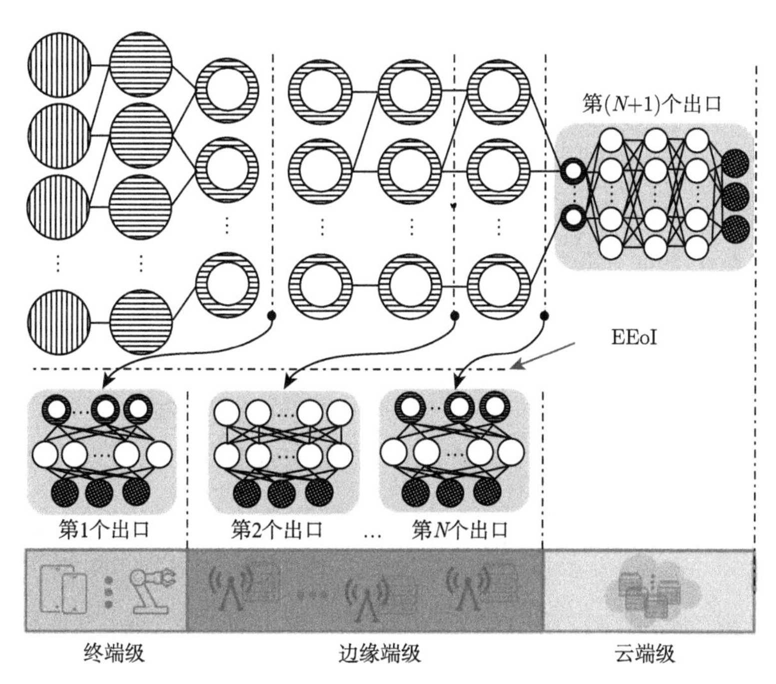

图 4.7 EEoI 示意图

4. DL 计算共享

边缘节点覆盖范围内的用户的请求可能具有时空局域性，例如同一区域内的用户可能对同一感兴趣对象请求识别或请求其他 DL 任务，这可能会引入 DL 推理的冗余计算。在这种情况下，Cachier[45] 基于历史应用分析和在线网络条件估计，提出了在边缘节点缓存识别应用的相关 DL 模型，并通过动态调整其缓存大小来最小化端到端时延预期。DeepMon[46] 和 DeepCache[47] 基于第一人称视频中连续帧之间的相似性，利用 CNN 层的内部处理结构，重用前一帧的中间结果来计算当前帧，将内部处理的数据缓存到 CNN 层中，减少连续视觉应用的处理时延。为了进行有效的缓存和结果重用，必须对可重用的结果进行准确查找。DeepCache 执行缓存键查找来解决这个问题，具体来说，它将每个视频帧划分为细粒度区域，并以视频运动启发式的特定模式从缓存的帧中搜索类似区域。FoggyCache[48] 首先将异构的原始输入数据嵌入具有泛型表示的特征向量中，在此基础上，提出了一种适用于高维数据索引的自适应局部敏感哈希（Adaptive Locality Sensitive Hash，A-LSH）算法。最后，基于 kNN 实现同质化 kNN，利用缓存值去除了离群值，确保初始选择的 k 条记录中有一个占主导地位的簇，以确定 A-LSH 查询的记录的重用输出。与共享推理结果不同，主流（Mainstream）[49] 提出在并发视频处理应用程序之间自适应地编排 DNN stem-sharing（几个专门的 DL 模型的共同部分）。通过利用迁移学习从一个共同的 DNN stem 训练出的应用程序之间共享专门化模型的计算结果，可以显著减少每帧计算时间的聚合。尽管更专门化的 DL 模型意味着更高的模型精度和更少的 DNN stem-sharing，但当使用非专门化的 DL 模型时，模型精度会缓慢下降（除非专门化模型的比例非常小）。因此，这个特性使得大部分的 DL 模型可以共享，且精度损失很低。

4.4 云边协同训练

前沿科学家和工程师正在将机器学习训练应用到边缘设备。这要确保开发的易用性和灵活性，同时处理小样本、数据异构、数据孤岛和资源受限等问题。例如，复杂的机器学习训练任务可以先从边缘端启动再结合云端资源深化训练，这种云边协同训练方法的优点是在云端深入训练以提供充分的 CPU/GPU 处理能力，在边缘端启动训练服务以保留数据隐私同时提供对数据的及时处理。虽然暂时仍然还没有适用于所有情况的统一云边协同训练范式，随着业界解决方案与最佳实践的持续深化，不断发展的云边协同训练方法是一个潜在的选择，相关探索在未来几年也是令人着迷的研究方向。本章介绍的云边协同训练方法将覆盖联邦、迁移、增量 3 种方法，如图 4.8 所示。在云边协同训练方法中，联邦学习方法形成云端预训练模型或模型库。迁移学习方法实现云端预训练模型或模型库的本地化。而增量学习方法实现模型或模型库增量更新。下面将依次深入讲解相关方法。

4.4.1 云边协同的联邦学习

云边协同的联邦学习是一种分布式训练方法，是当前机器学习研究热点之一，主要用于解决 AI 算法在工业落地时所面临的“数据孤岛”问题。联邦学习的设计目标是在保障大数据交换时的信息安全、保护终端数据和个人数据隐私的前提下，在多参与方或多计算结点之间开展高效率的机器学习，实现各联邦学习参与方的联合建模与利益共享。

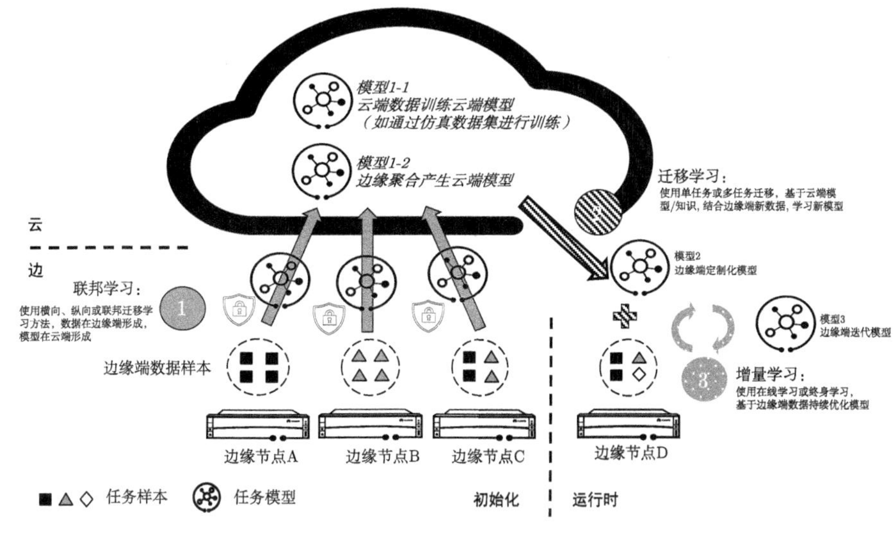

图 4.8 云边协同训练

云边协同的联邦学习基本思想是原始数据在边缘端进行本地训练，再将模型参数传到云端进行汇聚，如此反复迭代。当前学界研究热点聚焦于异构数据集（Non-I.I.D.、样本量不平衡等），包括优化训练收敛速度、压缩传输数据量、采用同态加密等技术进一步保护数据隐私、防止恶意参与方的攻击等。以包含两个数据拥有方（即企业 A 和企业 B）的场景为例，假设企业 A 和企业 B 想联合训练一个机器学习模型，它们的业务系统分别拥有各自用户的相关数据。此外，企业 B 还拥有模型需要预测的标签数据。出于数据隐私保护和安全考虑，企业 A 和企业 B 无法直接进行数据交换，可使用联邦学习系统建立模型。

联邦学习的优点主要是：数据隔离，数据不会泄露到外部，满足用户对隐私保护和数据安全的需求；能够保证模型质量无损，不会出现负迁移，保证联邦模型比割裂的独立模型效果好；能够保证参与各方在保持对等、独立性的情况下，进行信息与模型参数的加密交换，并同时获得成长。

联邦学习又可分为联邦单任务学习与联邦多任务学习。联邦单任务学习假设虽然各个边缘节点分布不同，但整个系统是存在一个通用分布的，因此致力于采集各个边缘知识以寻求一个通用模型。但正由于每个边缘节点上的数据都是以非独立同分布（Non-I.I.D.）的方式收集的，边缘节点之间存在域迁移的问题，很难用一个基于通用分布的模型去适配不同边缘节点。至此，联邦多任务学习应运而生，专门用于适配每个边缘节点分布而不只是建立一个通用模型，例如为每个节点学习一个单独的模型。

1. 联邦单任务学习

在实际情况中，根据各联邦参与方的数据分布情况，可以将联邦单任务学习分为 3 个类别：横向联邦单任务学习、纵向联邦单任务学习与联邦迁移单任务学习。图 4.9 展示了存在两个参与方场景的联邦单任务学习分类。

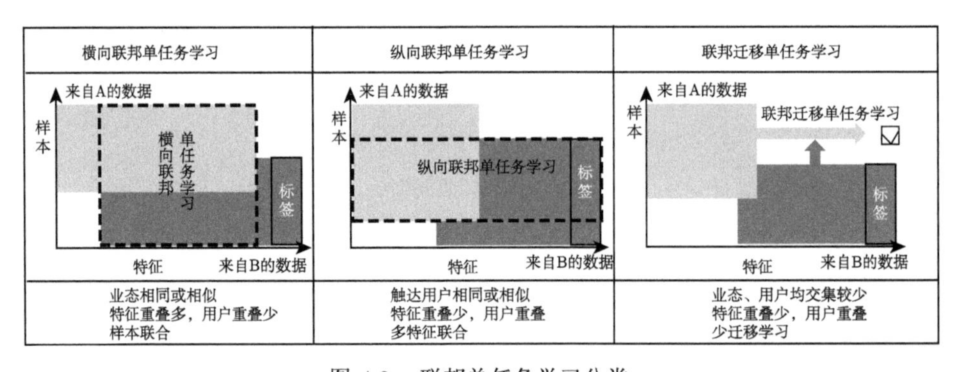

图 4.9　联邦单任务学习分类

（1）横向联邦单任务学习

横向联邦单任务学习本质上是基于样本的联邦学习，在各方数据集的特征重叠较多而用户重叠较少的情况下，我们把数据集按照横向（即用户维度）切分，并取出双方特征相同而用户不完全相同的那部分数据进行训练。例如，两个区域性银行的用户集中，由于各自的区域的不同，其用户的交叉集非常小。但是，它们的业务非常相似，也就是说特征空间是相同的。这种情况下，我们就可以使用横向联邦单任务学习来构建联合模型。在横向联邦单任务学习中，可以看作是基于样本的分布式模型训练，分发全部数据到不同的机器。一般的横向联邦单任务学习架构包含了中心服务端节点（以下简称中心节点）和边缘客户端节点（以下简称边缘节点）两层设备，如图 4.10 所示。其中，边缘节点负责联邦学习中边缘端的数据准备和模型训练工作；中心节点负责联邦学习模型的聚合工作。具体的工作流程如下：第一步，边缘节点基于预处理数据和原始模型进行本地模型训练，生成梯度信息加密上传至中心节点；第二步，中心节点收集各边缘节点上传的模型梯度信息后，汇聚梯度信息得到最新的模型，并将其下发至各边缘节点更新。

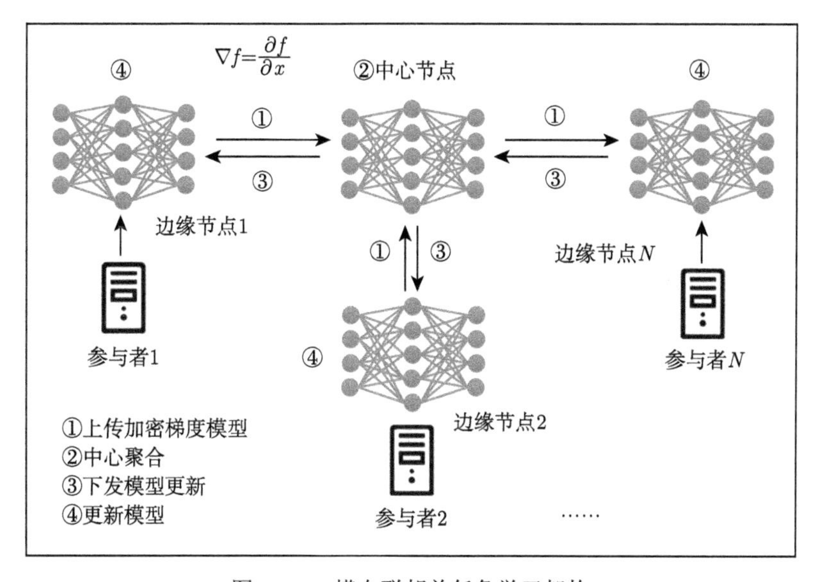

图 4.10　横向联邦单任务学习架构

（2）纵向联邦单任务学习

纵向联邦单任务学习是基于特征的联邦学习，适用于不同数据集有相同的样本（用户）ID，但特征维度不同的情况，把数据集按照纵向（即特征维度）切分，并取出双方样本相同而特征不完全相同的那部分数据进行训练。例如，考虑同一区域中的两个不同机构，一个是银行，另一个是电子商务公司。他们的用户集可能包含该区域的大多数居民，因此用户空间的交集很大。然而，由于机构的业务不同，银行记录的是用户的收支行为和信用评级，电子商务公司记录的是用户的浏览数据和购买历史数据，所以他们的特征空间交集很小。纵向联邦单任务学习通过将这些不同特征加以聚合，以增强模型的预测能力。纵向联邦单任务学习的步骤与横向联邦单任务学习相似，不同之处在于学习过程需要对用户的特征进行联合，其学习过程可分为 3 步：第一步，在中心节点将加密样本对齐；第二步，各边缘节点基于对齐样本分别计算和自己相关的特征空间结果，并加密交互，用来求得各自梯度和损失并发送给中心节点，同时有标签的边缘节点还需要计算加密后的损失发送给中心节点；第三步，中心节点更新模型并分别分发给边缘节点。

（3）联邦迁移单任务学习

当参与方之间的样本和特征重叠都较少时，要想进行有效的联邦学习，可考虑引入迁移学习来克服数据不足的情况。例如有两个不同机构，一家是位于中国的银行，另一家是位于美国的电商。由于受地域限制，这两家机构的用户交集很小。而且由于机构业务类型的不同，数据特征空间重合部分也很小。在这种情况下，可以利用数据、任务、模型之间的相似性提升模型的效果。

2. 联邦多任务学习

自提出联邦学习框架以来，研究人员陆续提出了很多模型和方法，包括更新机器学习模型的安全聚合方案、支持多客户端联邦学习的隐私保护协同训练模型等，但是这些模型或方法大都忽略了以下事实：每个设备节点上的数据都是以非独立同分布（Non-I.I.D.）的方式收集的，因此节点之间存在域迁移的问题。例如，一台设备可能主要在室内拍摄照片，而另一台设备主要在室外拍摄照片。这种域迁移（Domain Shift）问题造成使用联邦学习训练得到的模型很难推广到新设备。为了解决联邦学习中的域迁移问题，研究者引入联邦多任务学习，它为每个节点学习一个单独的模型，此外还提出隐私保护环境下的多边联邦迁移学习算法。

4.4.2 云边协同的迁移学习

由于直接对各个边缘节点的目标任务从头开始学习成本太高，云边协同的迁移学习运用已有的相关知识来辅助尽快地学习目标边缘端的新知识。美国斯坦福大学计算机科学系和电气工程系客座教授，Coursera 平台创始人吴恩达（Andrew Ng）在机器学习顶级会议 NeurIPS 2016 上指出“Transfer learning will be the next driver of ML success（迁移学习将会是引领机器学习成功的下一代驱动引擎)”，强调了迁移学习的重要性。

在迁移学习中，已有的知识叫作源任务（Source Task），要学习的新知识叫目标任务（Target Task）。迁移学习研究如何把源任务的知识迁移到目标任务上，通俗来讲则是运用已有的知识来学习新的知识。云边协同的迁移学习是指给定边缘端的目标任务，将其他边缘端或者云端任务的知识通过云迁移到目标任务，提升目标任务表现的方法。迁移学习的关键是找到已有知识和新知识之间的相似性，用成语来说就是举一反三。例如，已经会下中国象棋，就可以类比学习国际象棋；已经学会英语，就可以类比学习法语；等等。如何合理地寻找知识之间的相似性，进而利用这个桥梁来帮助学习新知识，是迁移学习的核心问题。

迁移学习的优势主要是：通过知识迁移，目标任务达到收敛所需的样本量及计算资源减少；通过为目标任务寻找源任务，自动化地适应特定情景；作为机器学习模型上游，与模型解耦合，适应多源数据。

云边协同的迁移学习又可分为单任务迁移学习与多任务迁移学习。单任务迁移学习假设虽然源边缘节点和目标边缘节点的分布不同，但只有一个源任务分布和一个目标任务分布。由于每个设备节点上的数据都是以非独立同分布（Non-I.I.D.）的方式收集的，因此节点之间存在分布差异，很难只用一个通用分布去适配不同源边缘节点（目标边缘节点同理）。在这种情况下，多任务迁移学习被提出，专门用于适配多个源和目标边缘节点数据分布而不只是建立一个通用模型，例如为每个节点学习一个单独的模型。

1. 单任务迁移学习

按照迁移学习领域权威综述中的内容 [50]，根据迁移的内容分类，4 种基本的迁移学习方法分别是：样本迁移、特征迁移、参数迁移、关系迁移。

（1）样本迁移

样本迁移（Instance-Based Transfer）在目标任务上复用源任务样本。通常是在源任务样本上进行加权，与目标任务共享加权样本。图 4.11是一个样本迁移的典型示例。源域中存在不同种类的动物，如狗、鸟、猫等，目标域只有狗这一种类别。在迁移时，为了最大限度地和目标域相似，样本迁移提高源域中属于狗这个类别的样本权重。

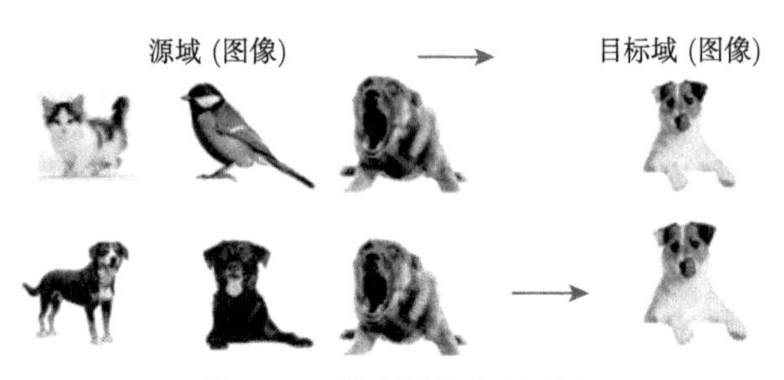

图 4.11 样本迁移典型示例

样本迁移的一般步骤是：第一步，提取源任务与目标任务样本特征；第二步，估计目标任务样本分布；第三步，根据目标任务样本，调整源任务样本权重；第四步，基于加权源任务样本与目标任务样本进行训练。

在迁移学习中，对于源域和目标域，通常假定产生它们的概率分布是不同且未知的。另外，由于样本维度和数量通常都非常大，因此，直接对样本边缘分布进行估计是不可行的。因而，大量的研究工作着眼于对源域和目标域的分布比值进行估计，所估计得到的比值即为样本的权重。这些方法通常都假设源域与目标域样本差异不大，并且源域和目标域的条件概率分布相同。样本迁移的经典研究之一是由上海交通大学 Dai 等学者提出的 TrAdaboost 方法 [6]，将 AdaBoost 的思想应用于迁移学习中，提高有利于目标分类任务的实例权重、降低不利于目标分类任务的实例权重，并基于概率近似正确（Probably Approximately Correct，PAC）理论推导了模型的泛化误差上界。Huang 等学者提出核均值匹配方法（Kernel Mean Matching）[7]，对于概率分布进行估计，目标是使加权后的源域和目标域的概率分布尽可能相近。近年的研究成果在上述基础上打破了源域与目标域差异小的假设，扩展了迁移学习方法的应用场景。香港科技大学的 Tan 等学者提出了远域迁移学习（Distant Domain Transfer Learning）[11]，利用联合矩阵分解和深度神经网络，对不同领域的数据进行重建，从而实现跨领域的知识共享。香港理工大学的 Zheng 等学者，引入描述样本子集的元数据以扩展样本迁移学习，利用元数据构建二阶层次型任务关系，对不相似领域样本进行层次组织，实现同一领域内存在多个不相似子领域时的样本共享，取得了良好的效果 [1]。

样本迁移方法与模型训练方法本身解耦合，可以适应多种机器学习模型。同时，容易通过聚类等样本可视化方法提升可解释性，从而使能误差问题定位并简化调优流程。但目前样本迁移方法的权重选择方法的调优仍然依赖领域知识和专家经验，尤其在领域知识欠缺的非结构化数据上，到实现自动化和规模化仍有距离。

（2）特征迁移

特征迁移（Feature-Based Transfer）是指将源任务和目标任务的特征变换到相近空间后一起进行学习。根据特征的同构性和异构性，又可以分为同构迁移学习和异构迁移学习，如图 4.12 所示。

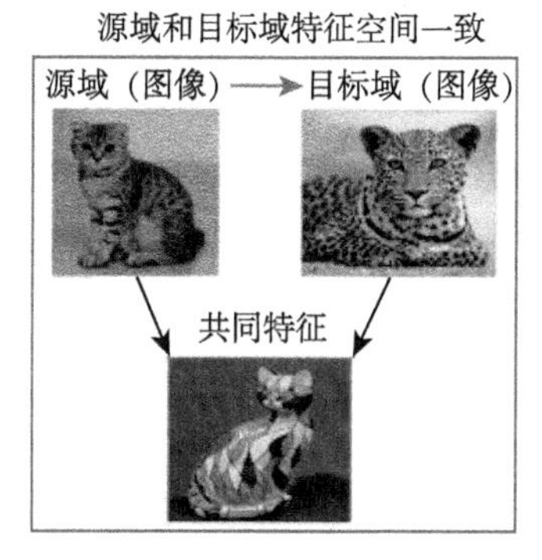

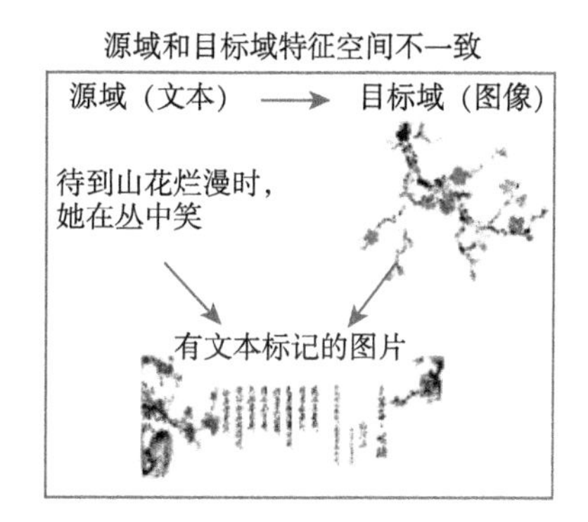

图 4.12 特征迁移典型示例

特征迁移的一般步骤是：第一步，分别在源任务和目标任务数据上提取特征；第二步，将源任务特征和目标任务特征映射到同一空间，使其分布距离最小化，有两种常见做法——将源任务特征和目标任务特征映射到同一空间，将源任务特征映射到目标任务特征空间；第三步，基于映射后的源任务和目标任务特征训练模型。

特征迁移方法通常假设源域和目标域间有一些交叉的特征。其中较为典型的一个方法是香港科技大学的 Pan 等学者提出的迁移成分分析方法（Transfer Component Analysis）[12]。该方法的核心内容是以最大均值差异（Maximum

Mean Discrepancy，MMD）作为度量准则，将不同数据领域中的分布差异最小化。美国加利福尼亚大学伯克利分校的 Blitzer 等学者提出了一种基于结构对应的学习方法（Structural Corresponding Learning）[13]，该算法可以通过映射将一个空间中独有的一些特征变换到其他所有空间中的轴特征上，然后在该特征上使用机器学习的算法进行分类预测。清华大学 Long 等人提出在最小化分布距离的同时，加入实例选择的迁移联合匹配（Transfer Joint Matching）方法，将实例和特征迁移学习方法进行了有机的结合 [14]。澳大利亚伍伦贡大学的 Zhang 等学者，提出对于源域和目标域各自训练不同的变换矩阵，从而达到迁移学习的目标 [12]。特征迁移方法也往往与神经网络进行结合，在神经网络的训练中进行学习特征和模型的迁移 [4,16-17]。

特征迁移方法的优点是可以在不传输和存储源任务所有样本的前提下进行知识迁移，也可以适应不同场景内的不同特征选择与变换，尤其是跨领域场景。当特征提取不依赖于神经网络等模型时，还可改造为模型无关方法，从而与模型解耦合。但采用神经网络进行特征迁移时，对模型有依赖性，并且可解释性低，在小样本情况下容易出现负迁移。建议在源任务与目标任务的数据分布差异相对稳定以及具备深度学习专家调优经验时使用基于神经网络的特征迁移。

（3）参数迁移

参数迁移（Parameter-Based Transfer）是指基于源任务的参数，与目标任务共享参数以实现迁移。图 4.13 是一个参数迁移的典型示例。

参数迁移的一般步骤是：第一步，在源任务数据上训练模型；第二步，提取源任务模型的部分参数，如决策树节点特征、神经网络前几层等；第三步，给定源任务模型部分参数，基于目标任务数据继续优化模型（Fine-tune）。

参数迁移方法可用于决策树、隐马尔可夫、支持向量机（Support Vector Machine，SVM）和神经网络中。以色列理工学院的 Segev 等人提出了 STRUT 及其变种 MIX 方法 [19]。该方法首先基于源任务数据构建决策树模型，然后针对目标任务数据，在原有树状结构基础上更新决策阈值。香港科技大学的 Pan 等人基于隐马尔可夫，针对 WiFi 室内定位在不同设备、不同时间和不同空间下动态变化的特点，进行不同分布下的室内定位研究 [20]。国内外研究人员对

SVM 进行了改进研究 [21]，假定 SVM 中的权重向量可以分成两个部分：源域和目标域的共享迁移部分和对于目标域的特定处理部分。清华大学的 Long 等人改进了深度网络结构，通过在网络中加入概率分布适配层，进一步提高了深度迁移学习网络对于大数据的泛化能力 [22]。

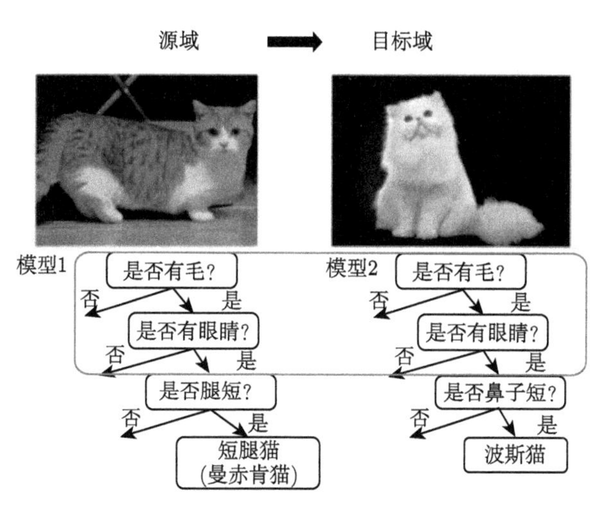

图 4.13 参数迁移典型示例

参数迁移的优点是可以在不传输和存储源任务任何样本的前提下进行知识迁移。通过复用参数，能够降低新模型的重建成本。使用参数迁移时通常需要限定基础机器学习模型，尤其在源任务和目标任务上需要使用同一种模型方法。参数迁移通常与基础机器学习模型耦合程度很高，需要限定基础机器学习模型，对尚未支持参数迁移特性的模型方法（比如异常检测的孤立森林等）需要在现有机器学习模型方法上投入专家进行研究。在新机器学习模型方法层出不穷的今天，参数迁移在实际使用的可操作性和泛用性存在一定局限性。参数覆盖范围较大，也有学者将神经网络下的特征迁移归类为一种特殊的参数迁移。

（4）关系迁移

关系迁移（Relation-Based Transfer）与上述 3 种方法具有截然不同的思路。这种方法比较关注源域和目标域的样本之间的关系。图 4.14 形象地表示了不同领域之间相似的关系。

关系迁移的一般步骤是：第一步，在源任务数据上训练并提取出关系知识；第二步，建立源任务与目标任务各关系实体之间的映射，将源任务关系知识映射到目标任务上；第三步，给定映射后的源任务关系知识，基于目标任务数据继续优化关系知识。

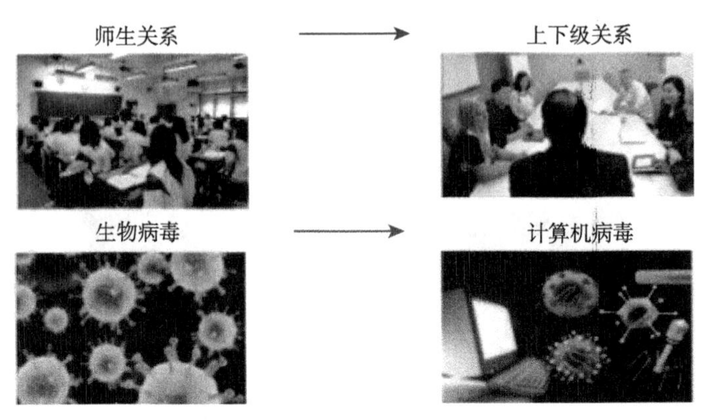

图 4.14 关系迁移典型示例

目前关系迁移的相关研究工作非常少。在同一系列的论文 [23−25] 中存在的共同点是借助马尔可夫逻辑网（Markov Logic Net）进行建模，如图 4.15 所

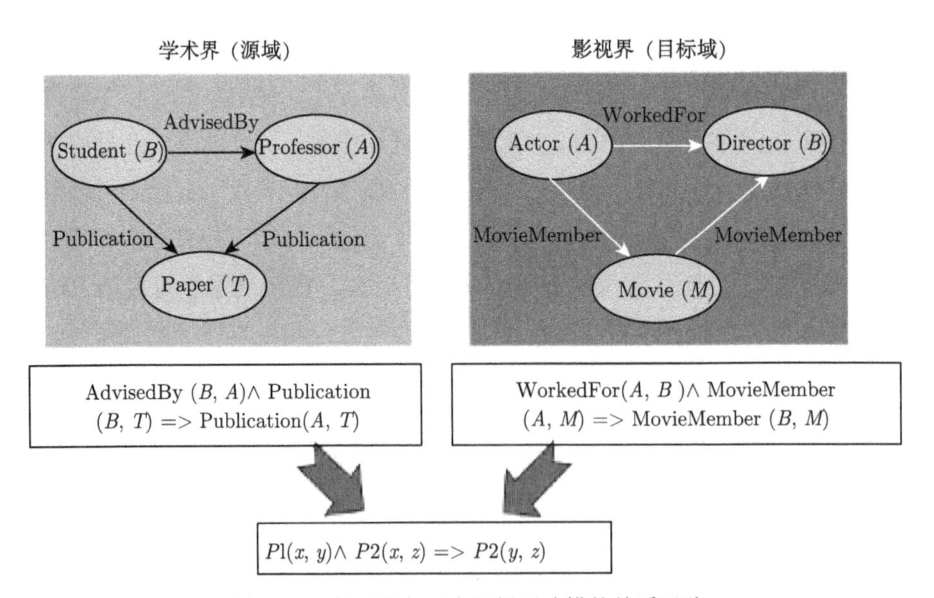

图 4.15 基于马尔可夫逻辑网建模的关系迁移

示，挖掘不同领域人员之间关系的相似性，如挖掘学术界论文创作人员关系和影视界电影创作人员关系的相似性。

2. 多任务迁移学习方法

多任务迁移学习方法属于源任务与目标任务均已标注的迁移学习方法，但源和目标可能都有复数个任务。多任务迁移学习通过复数相关（Related）任务互相迁移知识，同时学习复数任务。多任务迁移学习，区别于单任务迁移学习，充分利用多种任务之间丰富的关联信息来进行迁移，而不像单任务迁移需要假设源任务与目标任务可一一对应而容易诱发负迁移。多任务迁移学习基于已标注的源任务与目标任务使归纳迁移知识时存在支撑集，又能考虑多个任务之间不同的迁移关系以避免负迁移，因此与其他迁移学习方法相比往往可以达到相对较高的精度。

运用多任务迁移学习前，需注意多任务的预置假设和使用条件。一种常见的误解是多任务迁移学习“仅”能运用在标注空间不同的情况。例如，中文翻译成英文与中文翻译成法文的两个任务标注空间不同，所以属于不同任务，可运用多任务迁移学习。这本身其实没有问题，常见的误解在于“仅”：因为英文翻译成中文与法文翻译成中文的标注空间相同，所以不能用多任务迁移学习，这种说法是有问题的。诚然，存在不同标注空间是多任务迁移学习的一种典型假设。但需要注意的是，标注空间不同是多任务迁移学习的充分非必要条件，并不意味着标注空间不同是多任务迁移学习的唯一假设。多任务迁移学习的假设取决于任务的定义。根据迁移学习领域权威综述 [50]，任务不仅包括标注空间，也包括模型。也就是说，当两个任务的标注空间或模型不同时，这两个任务是不同的任务。终身学习领域权威论文 [51] 提及不同域往往也会导致不同的任务，尤其是学术界通常假设同一个域上存在一个任务的情况。这些文献共同说明，除了标注空间不同外，在模型不同或域不同的情况下也可以运用多任务迁移学习方法。

在迁移学习问题中，多任务迁移学习有两个基本因素：机器学习任务的相关性与任务的定义/性质。对这两种关键属性的挖掘分别称为任务关系发现（Task Relationship Discovery）与任务定义（Task Definition）。其中任务关系发现的研究相对较为成熟，由于篇幅关系，后文仅以基于任务关系发现的多任务迁移学习为例展开讲解。

任务关系发现基于对不同任务关联方式的理解，是多任务迁移的关键。这种相关性会被建模进多任务迁移学习方法的设计中。在这种方法中，任务关系反映任务的相关性，任务关系包括任务相似性和协方差等。

一种思路是基于局部数据的局部关系学习方法。如 k 近邻（kNN）分类器在 2013 年被用于多任务迁移学习，任务模型定义为 k 近邻多任务标注的加权平均，权重被设定为任务相似性和样本相似性的点乘。

另一种思路是全局学习方法，与局部学习方法不同，能结合全局数据和模型分布假设。2007 年，有学者定义不同任务模型的产生服从多任务高斯过程，高斯过程中每个正态分布均值为零矩阵、方差矩阵为 $\boldsymbol{\Sigma}$；而矩阵 $\boldsymbol{\Sigma}$ 的元素对应于两个模型之间的协方差 [52]。给定模型与核函数、高斯似然函数存在任务间协方差解析解，而任务协方差可以反映任务的相关性。2010 年，为了在使用贝叶斯平均时达到更好的性能，降低点估计带来的过拟合风险，也有学者提出一种多任务泛化的 t 过程，在任务间关系上采用了逆威沙特先验（Inverse-Wishart Prior）和广义 t 似然方法 [53]。同年，有学者提出了一种称为多任务关系学习方法的正则化模型，该方法定义参数服从矩阵变元正态分布（Matrix-Variate Normal Distribution）[54]。2013 年，有学者将多任务关系学习方法扩展到高阶先验 [55]。2016 年，基于多任务关系学习，一种多任务关系的参数形式被提出 [56]。该参数化的特性是在多任务关系学习基础上支持不对称任务关系。2019 年，有学者提出通过二阶聚类结合双相似矩阵的多任务关系学习方法，语义描述矩阵在第一阶聚类用于约束，而特征矩阵用于第一阶约束下的第二阶聚类 [57]。

在早期的研究中，任务关系是通过模型假设或者先验信息的。但是这两种途径都既不理想，也不实际，因为模型假设很难在现实世界的应用中证实，并且先验信息很难获得。当前来看更先进的方法是从数据中提取任务关系，但容易产生负迁移。这可以通过深入研究不同数据之间的关系来避免，包括实例 x 与标注 y、语义描述与数据等。

4.4.3 云边协同的增量学习

机器学习在现代数据分析和 AI 应用中扮演着至关重要的角色。传统的机器学习范例通常以批处理学习或脱机学习的方式工作（特别是对于监督学习），在这种情况下，模型通过某种学习算法一次从整个训练数据集中对模型进行训练，然后部署模型进行推理而不需要之后再执行任何更新（或只需要执行很少的更新）。当处理新的训练数据时，这样的学习方法产生昂贵的再训练成本，因此对于现实世界的应用而言扩展性很差。在大数据时代，尤其是当实时数据快速增长时，传统的批处理学习范式变得越来越受限制。如何使机器学习具有可扩展性和实用性，尤其是从连续数据流中进行学习，已经成为机器学习和 AI 面临的巨大挑战。而增量学习的过程与传统的批量学习过程不同。增量学习的基本思想是：一个学习系统能不断地从新样本中学习新的知识，并能保存大部分以前已经学习到的知识。增量学习克服了传统批处理学习的弊端，当新的数据到来时，模型可以立即有效地更新。增量学习非常类似人类自身的学习模式。人们从事实中学习概念描述，并在获得新的事实和观察结果时逐步完善这些描述。新获得的信息用于完善知识结构和模型，并且尽可能少地造成对已有知识的重新描述。根据 Ade 对增量学习算法的定义[58]，一个增量学习算法应同时具有以下特点：可以从新数据中学习新知识；以前已经处理过的数据不需要重复处理；每次只有一个训练观测样本被看到和学习；学习新知识的同时能保持以前学习到的大部分知识；一旦学习完成后训练观测样本被丢弃；学习系统没有关于整个训练样本的先验知识。

广义的增量学习，包括单任务增量学习和多任务增量学习。其中，单任务增量学习又被称为在线学习，多任务增量学习又被称为终身学习。本小节先介绍在线学习，再介绍终身学习。

1. 在线学习

在线学习代表了一系列机器学习方法，学习者试图通过每次从一个数据实例序列中进行一次学习来完成一些预测性（或任何类型的决策）任务。在线学习的目标是，在获得对先前预测/学习任务的正确答案的知识以及可能的附加信息的情况下，最大限度地提高在线学习者做出的一系列预测/决定的准确性。在线学习已成为一种前景广泛的技术，在实际情况中应用于从连续的数据流中进行学习。一般来说，根据学习任务的类型和反馈信息的形式，现有的在线学习工作可以分为三大类[59]。

（1）始终可以获得完整的反馈信息的在线监督学习

这主要用于有监督的学习任务。这些任务总是会在每个在线学习周期结束时向学习者显示完整的反馈信息。它可以进一步分为两类研究。第一类是“在线监督学习”，它构成了在线监督学习的基本方法和原理，其中包括正则化、回放、参数隔离等学习范式。基于正则化和回放的学习范式受到的关注更多，也更接近增量学习的真实目标，基于参数隔离范式的学习需要引入较多的参数和计算量，因此通常只能用于较简单的任务增量学习。基于正则化的增量学习的主要思想是通过给新任务的损失函数施加约束的方法来保护旧知识不被新知识覆盖，这类方法通常不需要用旧数据来让模型复习已学习的任务，因此是一种优雅的方法。从字面意思上来看，基于回放的在线学习的基本思想就是“温故而知新”，在训练新任务时，一部分具有代表性的旧数据会被保留并用于模型复习曾经学到的旧知识，因此，要保留旧任务的哪部分数据，以及如何利用旧数据与新数据一起训练模型，就是这类方法需要考虑的主要问题。但是，基于回放的在线学习需要额外的计算资源和存储空间用于回忆旧知识，当任务种类不断增多时，要么训练成本会变高，要么代表样本的代表性会减弱。另外，在实际生产环境中，基于回放的在线学习方法还可能存在数据隐私泄露的问题。第二类是“应用在线学习”，它构成了更多的非传统在线监督学习，这类方法主要用于无法直接应用基本方法的地方，并且已经对算法进行了适当的调整以适合非传统的在线学习环境。

（2）反馈有限的在线学习

这是与在线学习者在在线学习过程中从环境中接收部分反馈信息有关的任务。例如，考虑一个在线多类别分类任务，在特定的回合中，学习者对传入实例进行类别标签的预测，然后接收指示该预测是否正确的部分反馈，而不是显式的真实标签。对于此类任务，在线学习者通常必须通过尝试在利用公开知识的开发与利用环境探索未知信息之间达成某种权衡来做出在线更新或决策。

（3）没有反馈的在线无监督学习

这与在线学习任务有关，在线学习者在在线学习任务期间仅接收数据实例序列，而没有任何其他反馈（例如，真实的类别标签）。无监督在线学习可以看作传统无监督学习在处理数据流方面的自然延伸，通常以批处理学习的方式进行研究。无监督在线学习的示例包括在线聚类、在线降维和在线异常检测任务等。无监督在线学习对数据的假设约束较少，不需要明确的反馈，以及难以获取的或昂贵的标签信息。

2. 终身学习

终身学习，是一个高级机器学习机制。它能持续学习，积累过去学习的复数任务知识，并且使用过去积累的知识来辅助未来训练和解决问题。在这个过程中，学习器变得更加知识渊博并且越来越擅长学习。这个持续学习能力是人类智能的一种特性。对云边协同 AI，终身学习可跨越单个边缘节点甚至多个边缘节点间的不同情景，构建边缘节点上持续积累更新的高可靠人工智能。正如哈瓦•西格尔曼（美国国防部高级预研局的终身学习机器计划负责人）在 2017 年提到的“The Lifelong Learning Machines program seeks to achieve paradigm-changing developments in AI architectures and ML techniques”，终身学习机器计划希望达成的目标，是改变人工智能架构和机器学习技术的范式研发。

终身学习的概念最早是在 1995 年提出的[60]。基于早期的概念，终身学习是一个多任务增量学习的过程，学习器已经执行包含 N 个任务的任务序列。知识库中存储和维护过去 N 个任务中学习和累积到的知识。在面对第 $N+1$ 个任务和对应的数据时，学习器可利用知识库中的先验知识来帮助学习第 $N+1$ 个任务。在学习了第 $N+1$ 个任务后，知识库会根据第 $N+1$ 个任务中学习到的中间或最终结果进行更新。

理想情况下，一个终身学习的学习器应该具备在开放环境下学习并运作和在应用或测试过程中学习以提升模型的性能和能力。开放环境是指应用或者测试过程中可能包括未学习到的新对象或情景。它不止能够利用现有的模型和知识去解决问题，还能够发现需要解决的新问题。在应用或测试过程中学习以提升模型的性能不仅是使用固化的知识，而是能够在学习过程中越来越擅长处理分配的工作。

按照知识建模的方式，终身学习可以分为基于样本的终身学习和基于模型的终身学习。

基于样本的终身学习方法，也被称为终身记忆学习，主要关注样本级别而非模型级别的知识长期维护。基于样本的终身学习方法能够以权重或相似性区分不同的任务样本，并且能够根据目标任务样本来选择相近的源样本和模型。例如，kNN Regression[61] 采用最相似的 k 个样本均值来获取相近知识；Shepard's method[62] 采用所有样本，利用与目标的距离为样本赋予权重。在终身记忆学习中过去的样本被称为支撑集，从支撑集中进行概念学习。概念学习是指给定目标概念和样本，样本属于该概念返回 1，否则返回 0，需要概念标签。总的来说，基于样本的终身学习方法的优势在于能与模型训练方法本身解耦合，可以适应多种机器学习模型。同时，容易通过聚类等样本可视化方法提升可解释性，从而使能误差问题定位并简化调优流程。其缺点主要是运行速度慢和依赖专家经验。样本级别两两匹配往往计算规模大，并且需要专家经验，包括定义距离函数，以及在部分工作中为概念学习额外给定概念标签。

基于模型的终身学习可以分为基于深度神经网络的终身学习和基于其他机器学习模型的终身学习。

基于深度神经网络的终身学习，也被称为终身神经网络，大体可分为 3 类：第一，基于多任务的模型持续优化，例如通过批处理同时提升多任务的 MTL net 和增加任务上下文作为输入的 csMTL；第二，基于静态路径/节点集合模块的模型切换，例如基于解释的神经网络（Explanation-Based Neural Network，EBNN）[63] 在神经网络中结合概念/任务级别的相似性来选择不同路径，而渐进式神经网络和 PathNet 都新建网络模型，不过后者进阶地利用遗传算法寻找最优路径，FearNet 则基于脑启发构建了短期记忆和长期记忆神经网络系统；第三，基于动态节点连接的模型切换，例如可塑网络 [64-65] 在神经网络中引入"可塑性"，而弹性权重巩固[66] 则进一步提出稳定性-可塑性窘境（Stability-Plasticity Dilemma）。该定理指出，一个完备稳定的模型可以保证系统学习到的旧知识不被忘记，但无法学习新知识；而一个完全可塑的模型可以充分适应新的知识领域，但是会忘记旧的知识。该工作在稳定性和可塑性之间找到一个平衡点，来适应精度和灵活性上的需求。

基于其他机器学习模型的终身学习的研究较少，仅举两个例子。高效终身学习算法（Efficient Lifelong Learning Algorithm，ELLA）[67] 关注相似性推导的效率。该工作假设损失函数二阶可微，二阶泰勒展开可简化并预估原有优化目标，当任务样本不变时该任务模型参数和海森矩阵可沿用。当前任务样本更新时，仅更新当前任务下各个候选模型的权重，不改变其他任务模型的权重。研究显示线性回归和逻辑回归可运用以上两项简化实现高效终身学习。终身朴素贝叶斯分类（Lifelong Naive-Bayesian Classification）[68] 假设过去的任务多样性大，并且与当前任务相似性不是特别高时，其他任务知识仍有作用。如果一种知识能被多样的不同任务共同验证时，其可靠性就更高，因此以知识被验证的领域频率（Domain Frequency）衡量可靠性（Reliability）。该工作是基于单词在不同文档和领域中使用词频等来构建贝叶斯知识库的知识。该工作仅验证能用于基于自然语言处理（Natural Language Processing，NLP）数据的朴素贝叶斯模型上，该方法用于其他领域和模型的性能则依然存疑。

总的来说，基于模型的终身学习的优点是可在不传输和存储任何样本前提下复用历史任务知识，以此降低边缘端新任务模型的重建成本。但使用基于模型的终身学习时通常需要限定基础机器学习模型，尤其对尚未支持终身学习的模型方法（比如异常检测的孤立森林等）需要在现有机器学习模型方法上投入专家进行研究。在新机器学习模型方法层出不穷的今天，基于模型的终身学习在实际使用中的可操作性和泛用性仍然有可提升的地方。

第二部分

系 统 实 现

第 5 章　边缘计算平台介绍

本章主要介绍目前各大互联网公司推出的边缘计算平台以及各平台之间的差异，读者可以根据应用场景选择合适的平台进一步了解，包括 Linux Foundation Edge 旗下的边缘计算项目 Baetyl，Linux 基金会运营的厂商中立的开源项目 EdgeX Foundry，裁剪后的轻量级 Kubernetes 发行版 Rancher K3s 以及 CNCF 提供的云原生智能边缘计算平台 KubeEdge。

5.1 Baetyl

Baetyl 是 Linux Foundation Edge 旗下的边缘计算项目，旨在将云计算能力拓展至用户现场。提供临时离线、低时延的计算服务，包括设备接入、消息路由、数据遥传、函数计算、视频采集、AI 推理、状态上报、配置下发等功能。

5.1.1 定位和功能

Baetyl 的定位是将计算、数据和服务从云中心无缝延伸到边缘端。Baetyl v2 提供了一个全新的云边融合平台，采用云端管理、边缘端运行的方案，分成边缘计算框架和云端管理套件两部分，支持多种部署方式。我们可在云端管理所有资源，例如节点、应用、配置等，自动部署应用到边缘节点，满足各种边缘计算场景，适合新兴的强边缘设备，比如 AI 一体机、5G 路侧盒子等。

5.1.2 整体架构

Baetyl 整体架构如图 5.1所示。架构包括边缘计算框架和云端管理套件两部分。

1. 边缘计算框架

边缘计算框架（Edge Computing Framework）运行在边缘节点的 Kubernetes 上，管理和部署节点的所有应用，通过应用服务提供各式各样的能力。

应用包含系统应用和普通应用，系统应用全部由 Baetyl 官方提供，用户无须配置。

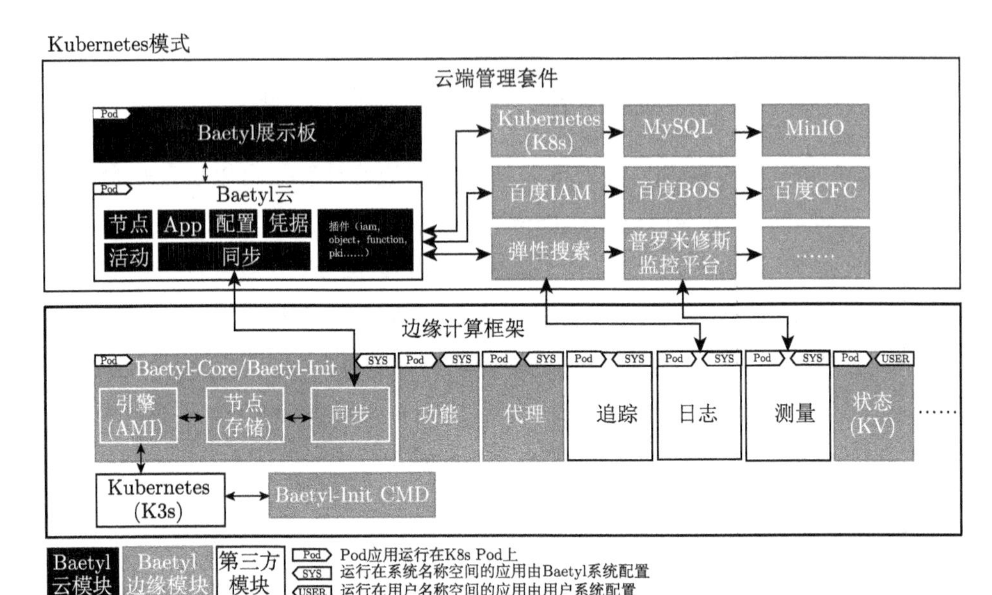

注：IAM即Identity and Access Management，身份识别与访问管理。
BOS即Baidu Object Storage，百度智能云对象存储。
CFC即Cloud Function Compute，云函数计算。

图 5.1　Baetyl 整体架构图

目前主要有如下几个系统应用：Baetyl-Init 负责激活边缘节点到云端，并初始化 Baetyl-Core，任务完成后就会退出；Baetyl-Core 负责本地节点管理、端云数据同步和应用部署；功能模块是所有函数运行时服务的代理模块，函数调用都要通过这个模块。

2. 云端管理套件

云端管理套件（Cloud Management Suite）负责管理所有资源，包括节点、App、配置、同步等。所有功能的实现都进行了插件化，方便功能扩展和第三方服务的接入，提供丰富的应用。云端管理套件的部署非常灵活，既可部署在公有云上，又可部署在私有化环境中，还可部署在普通设备上，支持 K8s/K3s 部署，支持单租户和多租户。

开源版云端管理套件提供的基础功能如下。

边缘节点安装：包括在线安装、端云同步（影子）、显示节点信息、显示节点状态、显示应用状态等。

应用部署管理：包括容器应用、函数应用、节点匹配等。

配置管理：包括普通配置、函数配置、管理密文、管理证书、管理镜像库凭证等。

开源版本包含上述所有功能的 RESTful API，暂不包含前端界面（Dashboard）。

5.2 EdgeX Foundry

EdgeX Foundry 是由 Linux 基金会运营的厂商中立的开源项目，旨在为 IoT 边缘计算提供一个通用的开放框架。

5.2.1 定位和功能

EdgeX Foundry 是一个开源、厂商中立、灵活、可互操作的软件平台，位于网络边缘，与物理世界的设备、传感器等 IoT 对象互动。简单地说，EdgeX Foundry 就是服务于物理感知与信息技术系统之间的边缘中间件。

EdgeX Foundry 项目的最终目标是形成一个即插即用的组件生态系统，统一市场，并加速 IoT 解决方案的部署。

相比其他众多 IoT 项目，EdgeX Foundry 专注于工业 IoT 边缘。其设计是为了满足 IoT 边缘的特定需求，包括兼容基于 IP 和非 IP 的连接协议、针对广泛分布的计算节点提供安全策略和系统管理等。

5.2.2 整体架构

EdgeX Foundry 采用松耦合微服务平台架构，如图 5.2所示。EdgeX Foundry 的基础是松耦合的分层 IoT 架构，用户可以根据主机设备的能力，在边缘的计算节点上部署即插即用的微服务组合。该架构在 IoT 边缘按需支持南北东西向通信，并可部署到分层计算架构中的多种边缘节点上。

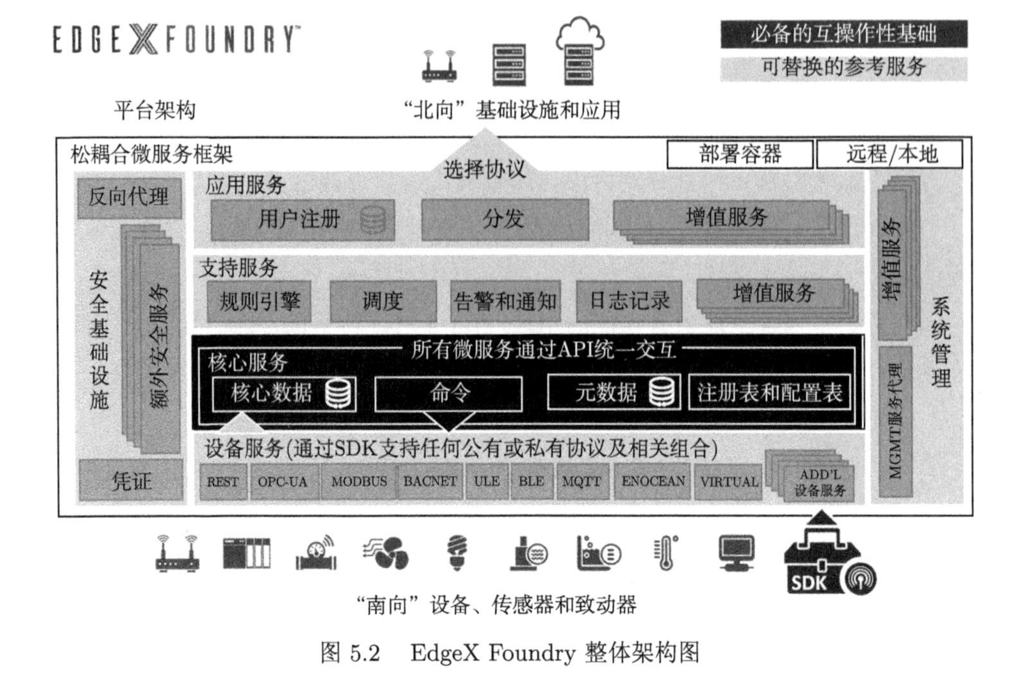

图 5.2 EdgeX Foundry 整体架构图

EdgeX Foundry 是开源微服务的集合。这些微服务被划分成 4 个服务层，以及 2 个底层增强系统服务。这 4 个服务层分别是核心服务层、支持服务层、应用服务层和设备服务层，覆盖了从物理域到信息域的边缘。2 个底层增强系统服务分别是安全基础设施与系统管理。

核心服务层是 EdgeX Foundry 功能的核心组件，提供南北向服务，包含以下微服务：核心数据针对从南向对象收集到的数据，提供数据持久化以及相关的管理服务；命令是一种用来控制和简化从北向到南向请求的服务；元数据针对连接到 EdgeX Foundry 的对象元数据，提供存储库和相关的管理服务；注册表和配置为其他 EdgeX Foundry 微服务提供相关服务的信息和微服务配置属性。

支持服务层包括：规则引擎，基于 EdgeX 实例收集的传感器数据，在边缘执行 if-then 条件驱动，实现基础的边缘数据分析服务；调度，一个内部“时钟”，可以启动任意 EdgeX 服务操作，在配置指定的时间，服务将通过 REST 调用任意 EdgeX 服务的 API URL，触发操作；日志记录，为所有 EdgeX 服务提供日志记录功能；告警和通知，为 EdgeX 服务提供发送告警或通知的功能。

应用服务层基于“函数流水线”的思想，能够提取、处理、转换传感数据，并将数据发送到云端端点或者用户应用。

设备服务层负责“物”的连接，内置常见的 IoT 协议，如 Modbus 协议、楼宇自动化和控制网络（Building Automation Control networks，BACnet）协议、低功耗蓝牙（Bluetooth Low Energy，BLE）协议等。

底层增强系统服务包含安全基础设施和系统管理。EdgeX 的安全组件主要有两个，第一个是安全存储，提供安全位置保存 EdgeX 秘钥，并对接云端系统；第二个是 API 网关作为反向代理，限制 EdgeX REST 资源的访问，并执行访问控制相关工作。系统管理获取服务的状态，在必要情况下重启或停止 EdgeX 服务。

5.3 Rancher K3s

K3s 是 Rancher 开源的裁剪后的轻量级 Kubernetes 发行版。Kubernetes 这个单词有 10 个字母，在社区里被称为 K8s。由于 K3s 希望内存是 K8s（Kubernetes）的一半，因此 Rancher 认为起名也要是 Kubernetes 长度的一半，也就是 5 个字母，于是就有 K3s 这个名字。

5.3.1 定位和功能

K3s 的定位是一款适用于边缘计算场景以及 IoT 场景的轻量级 Kubernetes 发行版，经过了 CNCF 的一致性认证。K3s 专为在资源有限的环境中运行 Kubernetes 的研发和运维人员设计，将满足日益增长的在边缘计算环境中运行在 x86、ARM64 和 ARMv7 处理器上的小型、易于管理的 Kubernetes 集群的需求。

5.3.2 整体架构

K3s 分为服务器（Server）和代理（Agent）两个组成部分。Server 就是 API server（Kubernetes 管理面组件）+SQLite+ 隧道代理（Tunnel Proxy），

Agent 即 KubeProxy+Tunnel Proxy。Server 和 Agent 都有容器运行时，并且共同管理整个集群的隧道和网络流量。

为了减少运行 Kubernetes 所需的资源，K3s 对原生 Kubernetes 做了以下几个方面的修改：移除 Kubernetes 各种非必需的代码，减小资源占用，为了减少运行 Kubernetes 所需的内存，Rancher 删除了很多不必要的驱动程序，并用附加组件对其进行替换；单进程架构简化部署，K3s 将原本以多进程方式运行的 Kubernetes 管理面和数据面的多个进程分别合并成一个进程来运行，并打包成一个仅有 60 MB 的二进制文件，使用集装箱容器运行时（Containderd）替换 Docker，显著减少运行时占用的空间；引入 SQLite 代替 etcd 作为管理面数据的存储，并用 SQLite 实现了 list/watch 接口，即 Tunnel Proxy；增加了一个简单的安装程序。

K3s 的所有组件（包括 Server 和 Agent）都运行在边缘端，因此不涉及云边协同。如果 K3s 要落地到生产中，应该在 K3s 之上部署一个集群管理方案负责跨集群的应用、监控、告警、日志、安全和策略等管理。这一部分目前是由 Rancher 来对接，但 Rancher 不提供公有云，还是需要用户自己在云端创建 Rancher 服务器来进行管理。因此，如果要进行大型的集群部署，建议选择 K8s；如果是边缘计算等小型的部署场景或者仅仅是需要部署一些非核心集群进行开发或者测试，那么 K3s 比 K8s 更加便捷。

整体来看，K3s 相当于 K8s 针对边缘计算等特殊场景的裁剪版和优化版，而并非专门针对边缘计算场景的解决方案，未来可能还需要长期的演进和适配。

5.4　CNCF KubeEdge

5.4.1　概述

KubeEdge 是基于 Kubernetes 构建的智能边缘计算平台项目，是 CNCF 首个提供云原生智能边缘计算能力的开源项目。

KubeEdge 名字来源于 Kube+Edge，即在 Kubernetes 原生的容器编排和调度能力之上，将云原生技术应用到智能边缘计算领域，实现云边可靠协同、极致轻量、边缘智能、强劲算力、离线自治、海量边缘设备管理等能力。在追求边缘极致轻量化的同时，结合云原生的众多优势，解决当前智能边缘领域面临的挑战。

5.4.2 定位和功能

KubeEdge 基于华为的智能边缘平台 IEF，是 IEF 的开源具体实现，是首个具备在生产环境部署能力的边缘计算开源项目。2019 年 3 月华为将 KubeEdge 捐给 CNCF，KubeEdge 也成为 Kubernetes IOT Edge 工作组的关键参考架构之一。KubeEdge 致力于解决以下挑战：边缘应用开发、部署的便捷性要求增高，以满足边缘业务的快速发展和变化；边缘应用需要有完善的微服务治理能力，以满足日趋复杂的边缘业务模型；云边、边边的协同成为边缘应用的基本要求，以满足海量边缘数据的处理。

KubeEdge 有以下几个特点。KubeEdge 构建在 Kubernetes 之上，100% 兼容 K8s API，可以使用 K8s API 原语管理边缘节点和设备。为了让 K8s 应用能够在边缘设备上运行，深度定制和优化了运行时（Runtime）。为了应对边缘端的网络不稳定因素，设计了可靠的消息通道。边缘端适应本地自治，丰富的应用和协议支持，大大简化了设备的接入复杂度。

KubeEdge 从功能上看，是打通了从底层设备到设备驱动/SDK，再到边缘端运行时、云端控制器以及云端应用的整个软硬件全栈。

5.4.3 整体架构

KubeEdge 基于 Kubernetes 的架构体系并针对边缘场景提供了诸如离线运行能力、云边协同能力等多种特殊能力，将云原生的生态和开发体验延伸到边缘端，面向开发者提供统一的开发、部署、管理视图，屏蔽边缘端和云端的差异。KubeEdge 完整地打通了边缘计算中云边设备协同的场景，整体架构如图 5.3 所示。

KubeEdge 架构上分为云、边、端 3 个层次。云端负责应用和配置的校验、下发，边缘端负责运行边缘应用和管理接入的设备，设备端运行各种边缘设备。云端与边缘端均采用模块化设计。云端由边缘控制器、设备控制器、云端集线器 3 个模块组成，统称为 CloudCore。边缘端是单进程部署，统称为

EdgeCore。

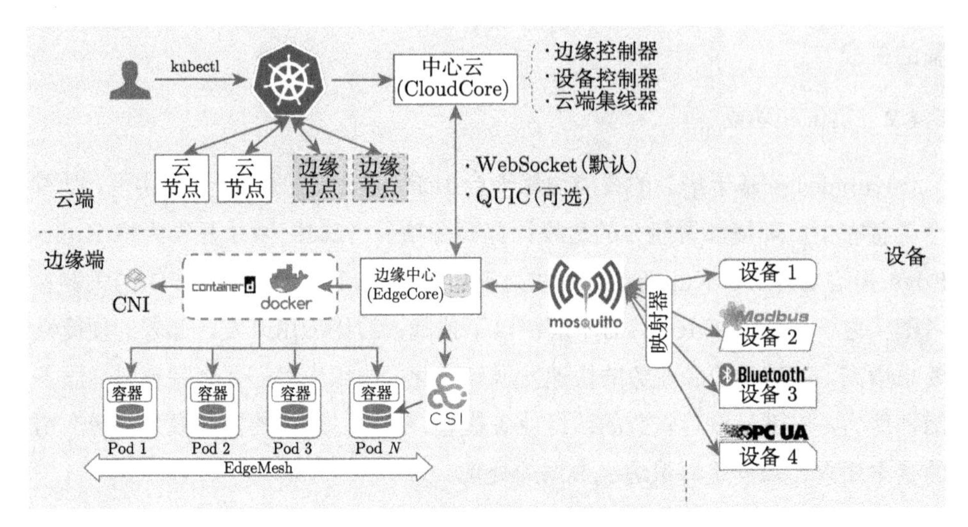

图 5.3 KubeEdge 架构图

云端通过 CloudCore 维护边缘节点的状态。对于 K8s 原生内置的组件、调度器、其他控制器管理器来说，它们其实无法区分所管理的节点哪些是在云端，哪些是在边缘端。因为 K8s 看到的就是一系列资源对象，背后的机器跑在哪里其实 K8s 是无感知的。云端和边缘端的通信是通过 CloudCore 里面的云端集线器实现的，在边缘端对应的是边缘集线器，实现基于 WebSocket 或快速用户数据报协议（Quick UDP Internet Connection，QUIC）的消息化封装。另外，CloudCore 里还包含边缘控制器和设备控制器。除 Docker 之外，还可以选用其他更轻量的容器运行时。由于去除了内置的存储驱动，所有容器存储的接入都是通过容器存储接口（Container Storage Interface，CSI）来实现的。在网络侧，借鉴 ServiceMesh 服务网格的理念，设计并实现了 EdgeMesh，其最主要的能力是解决与中心云连接断开的情况下节点间的服务发现、服务通信问题。

在设备侧，实际情况下会有多种多样的设备访问协议。一些比较新兴的设备，可能会直接内置支持 MQTT 协议，但是对于一些专用的设备或者在一些工控领域，则会使用专有协议。为了解决这个问题，KubeEdge 采用映射器设计，即适配器的设计，可以将这些专有设备协议，转换为 MQTT 协议，从而实现边缘端应用与云端设备状态的同步。

总结来说，云端部分是 Kubernetes API 服务器与边缘端部分的桥梁，负责将 Kubernetes 的指令下发到边缘端，同时将边缘端的状态和事件同步到 Kubernetes API 服务器。边缘端部分接收并执行云端部分下发的指令，管理各种负载，并将边缘端部分负载的状态和事件同步到云端部分。云端和边缘端各组件会在第 6章进行介绍。

5.4.4 AI SIG、MEC SIG、Device-IoT SIG

AI SIG 、MEC SIG 、Device-IoT SIG 是 KubeEdge 社区成立的 3 个兴趣小组。这也标志着社区的日益壮大，参与者不断增多。3 个 SIG 将分别聚焦于自身的领域。

1. AI SIG

AI SIG 专注于边缘 AI 领域的技术讨论、API 定义、参考架构实现，以辅助边缘 AI 应用和服务在边缘端的执行，希望给边缘 AI 应用带来包括降低成本、提高性能和保护隐私等好处。KubeEdge AI SIG 的工作包括但不限于如下内容。

首先是利用现有 AI 生态系统为 KubeEdge 提供支持，支持边缘 AI 应用程序和服务的执行，除了对异构边缘硬件生态（如 Ascend、昆仑、寒武纪、Rockchip 等）的支持外，AI SIG 还将典型的人工智能计算框架集成到 KubeEdge 中，如 Tensorflow、Pytorch、PaddlePaddle 和 Mindspore 等。此外，还将 KubeFlow 和开源神经网络交换（Open Neural Network Exchange, ONNX）标准集成到 KubeEdge 中，以实现不同格式模型的互操作性。在此基础上 AI SIG 还与其他开源社区合作，如 Akraino 和 LF AI。其次是开展 AI 任务协同机制相关研究，包括云端训练、边缘推理和增量学习等，云边端协同推理具体包括云端和边缘端模型的知识蒸馏，以及联邦学习，如聚焦隐私的联邦学习、分割学习，边缘模型和数据集管理等。AI SIG 还开展了边缘 AI 基准测试相关工作，可以明确边缘 AI 应用和服务评估时最重要的指标维度。对于典型的边缘 AI 应用场景，提供标准化评估，包括标准化数据集、架构和硬件以及软件模块，例如数据收集代码模块，数据预处理、训练和推理代码模块。

2. MEC SIG

边缘计算技术快速发展，5G MEC 进入商业部署快车道，云边协同成为 MEC 的普遍诉求，KubeEdge 社区洞悉这一趋势，按照 CNCF 成熟治理模式，成立 MEC SIG。在 MEC 场景下，通过对云边协同面临的挑战分析，MEC SIG 从应用管理、网络、开放生态等几个角度，提出了相应的解决方案，主要是 5G 网络结合的跨云边的应用部署、服务发现、微服务流量治理、能力开放和生态集成。

MEC SIG 聚焦于设计在 MEC 中使用 KubeEdge 的参考体系结构和实现，聚焦范围包括但不限于：和 5GC 网络开发能力的对接；基于位置和 DNS 的边缘服务发现和路由云边、边边之间的服务发现和通信服务连续性；使用设备插件支持多种硬件；多 MEC 和多 K8s 集群管理；支持边缘端的各种类型的工作负载（VM 容器 FaaS）等。

MEC SIG 重点关注以下几个方向：一是服务资源管理，即跨云边的全局应用部署和网络资源管理，通过和 5GC 网络暴露函数（Network Exposure Function，NEF）对接，实现基于 5G 网络事件的应用调度、5G 流量的分发、服务质量管理配置、应用迁移等，边缘站点支持多租户管理；二是跨云边服务发现，就近接入，可与服务资源管理配合，结合地理位置和网络传输最短路径，实现触发式的按需部署应用；三是跨云边 L3 容器的网络配置和安全管理，包括跨云边微服务通信全链路路由、限流、熔断等治理能力；四是基于云原生的方式实现能力开放平台，实现生态协同，将网络能力和第三方开发者的能力快速集成进多接入边缘计算平台并开放给用户，如区块链、通用 AI、网络高精度室内定位能力、无线网络测量信息能力、服务质量保障能力，还将提供服务注册、鉴权校验、访问控制等能力。

3. Device-IoT SIG

Device-IoT SIG 聚焦于识别面向 IoT、工业互联网场景对于 KubeEdge 的公共需求，增强设备管理相关的能力，包括可扩展的应用编程接口、设备协议接入、数据采集、数据处理等。聚焦范围包括但不限于以下内容。

一是针对不同边缘设备抽象出边缘设备实例的通用 API，实现对各种类型的边缘设备的访问和管理。二是可扩展的边缘设备通信框架，使用户应用程序可以使用自己的协议访问不同的工业设备。三是通过提供样例实现、开发套件工具、代码框架等，简化自定义识别映射能力的扩展开发和实现。四是整合其他物联网开源项目，促进跨社区合作。

第 6 章　CNCF KubeEdge 系统架构

KubeEdge 是面向边缘计算场景，专为云边协同设计的首个云原生边缘计算框架，提供云边之间的应用协同、资源协同、数据协同和设备协同能力。其关键技术有以下几点。

支持复杂的云边网络环境：能够提供双向多路复用的云边消息通道，支持位于私有网络的边缘端，并实现应用层可靠增量同步机制，支持在高时延、低质量网络环境下工作。

应用/数据边缘自治：支持边缘离线自治，能够提供边缘元数据持久化、去中心化的 DNS，保证边缘设备离线时的业务运行和故障恢复能力，并且支持边缘数据处理工作流，用户可自定义工作流在边缘设备进行的数据清洗、数据分析等处理工作。

云边一体资源调度和流量协同：支持云节点和边缘节点混合管理，实现云边应用、资源统一编排调度，并基于 EdgeMesh 提供云边数据通信和边边数据通信。

支持海量边缘设备管理：针对资源受限场景对自身组件进行轻量化处理，资源占用为业界同类平台中较低水平，并且提供可插拔的边缘设备管理框架，支持用户自定义插件扩展。应用可通过标准抽象接口与设备通信，不需要耦合底层通信协议。

开放生态：完全兼容 Kubernetes 原生能力，支持用户使用 Kubernetes 原生 API 统一管理边缘应用；支持 MQTT、Modbus、Bluetooth、WiFi、OPC UA、ZigBee 等协议作为边缘设备通信协议，并支持自定义插件扩展边缘设备协议。

本章将围绕以上关键能力，分别从云、边、端 3 个层次，介绍 KubeEdge 的设计与实现原理。

6.1 功能模块间的通信原理

在介绍具体的功能模块之前，首先要介绍各部分功能模块间的通信原理。Beehive 是一个通用组件，它基于 go-channels 的消息框架，提供了模块注册、发现、通信的能力。在 Beehive 的实现中，模块（Module）首先会进行注册，每个模块注册对应的消息通道（Channel），可以把模块名称作为索引，找到对应模块的消息通道。模块启动后，会保持监听状态，监听是否有其他模块发数据到自己的消息通道中。最后是实际数据的接收和发送。

如果两个模块之间需要通信，那么等待发送消息的模块首先会根据等待接收消息的模块名称，找到等待接收消息的模块对应的消息通道，然后将消息放入其中。由于模块一直在监听自己的消息通道，因此等待接收消息的模块会顺利收到其他模块发送的数据。

下面的代码实现了功能模块间通信的数据模型。可以看到，beehiveContext 数据结构分为两部分：ModuleContext 和 MessageContext。ModuleContext 包含 AddModule() 函数，负责模块启动时的注册，即给模块创建对应的消息通道。MessageContext 包含 Send() 函数，负责数据发送。

```
type ModuleContext interface {
    AddModule(module string)
    AddModuleGroup(module, group string)
    Cleanup(module string)
}
type MessageContext interface {
    Send(module string, message model.Message)
    Receive(module string) (model.Message, error)
    SendSync(module string, message model.Message,
        timeout time.Duration) (model.Message, error)
    SendResp(message model.Message)
    SendToGroup(moduleType string, message model.Message)
```

```
    SendToGroupSync(moduleType string, message
        model.Message, timeout time.Duration) error
}
type beehiveContext struct {
    moduleContext  ModuleContext
    messageContext MessageContext
    ctx            gocontext.Context
    cancel         gocontext.CancelFunc
}
```

6.2 云端组件

为了兼容 Kubernetes 生态，云端组件采用标准的 Kubernetes 架构模式进行构建，架构核心基于 Kubernetes 的“预期状态模式”，处理步骤如下。

首先，用户通过 kubectl 命令行发出对目标对象预期状态的指令；Kubernetes 的 API 服务器接收到该指令，调度器会对其进行调度并将用户的指令分解为一系列新的带有“预期状态”的子对象；然后，边缘控制器和设备控制器通过 API 服务器的“Watch”接口订阅其所关心的对象，如果发现有新增对象或对象状态有更新，则继续后续处理；最后，控制器将监听到的对象更新发送给云端集线器组件，该组件维护一个边缘端通过 WebSocket 协议连接的列表，结合对象中的目的节点选择性地将该对象的元数据送至相应的目的边缘节点。

云端组件主要是边缘控制器、设备控制器、云端集线器。此外，还包含 CSI 驱动器，准入网络挂件（Admission Webhook）。云端集线器负责云边通信消息化封装以及对 WebSocket 连接的维护。边缘控制器是 CloudCore 里最核心的组件之一。总体负责所有边缘节点元数据同步的触发和管理，以及应用 Pod 在云边之间状态同步的管理。设备控制器组件是负责管理边缘设备的控制器。增加了边缘设备的自定义资源定义（Custom Resource Definition，CRD），并且专门负责映射管理其所在边缘的设备状态、开关值设置。CSI 驱动器负责同步存储元数据到边缘端，并且兼容标准 CSI 方案，降低了容器存储方案与 KubeEdge 的耦合程度。Admission Webhook 是一个比较小的组件，它的主要目标是校验进入 KubeEdge 的对象的合法性。当前扩展设备管理 CRD 相关的合法性校验是由 Admission Webhook 来实现的。在后续的项目演进中，还会加入边缘应用管理和设备管理的最佳用例这类一键式的配置，即开关特性。最简单且最常见的例子就是在边缘计算的场景里，节点可能是故意离线，或者说是因为网络的问题离线，而不是因为故障。这种情况下，我们不希望应用发生迁移。所以后面会考虑针对这类结合应用实际使用场景的最佳用例，将其特性化，通过开关的方式在 Admission Webhook 中提供。用户在部署应用的时候，可以选择开启或者关闭这个特性，实现针对不同应用的节点离线场景下的迁移行为。

云端组件架构如图 6.1(a) 所示。

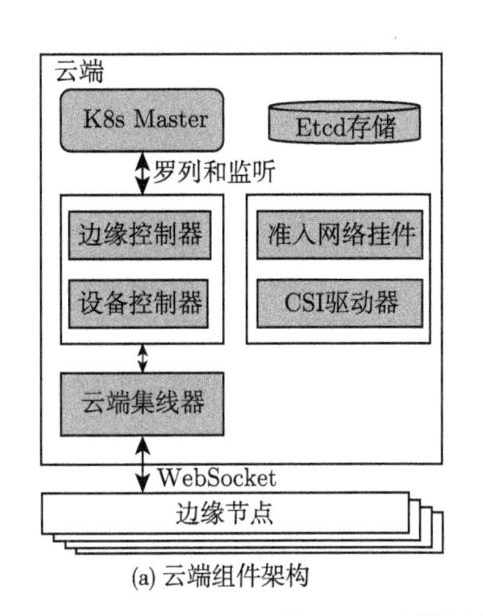

(a) 云端组件架构

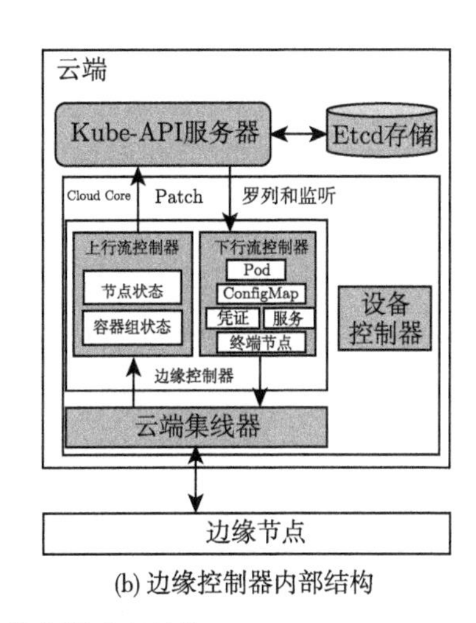

(b) 边缘控制器内部结构

图 6.1 云端组件架构与边缘控制器内部结构

接下来，本节将首先阐述云端组件与 K8s 主节点（K8s Master）的关系。然后分别介绍边缘控制器、设备控制器、边缘存储的集成设计以及云端集线器与边缘集线器的通信机制。

6.2.1 云端组件与 K8s Master 的关系

实际上，从外部行为的角度来看，CloudCore 就是 K8s 的一个插件。它以非侵入的方式扩展 K8s 的功能，将原来云端对节点的管理映射到边缘端。在

K8s Master 看来，每个节点只是一个 API 对象，至于后端机器是虚拟机还是物理机，位置在云端还是边缘端，其实 K8s Master 并不关心。所有集群中的状态管理、应用管理，最后也都反映在 API 上。所以，这允许我们把一部分节点的后端机器放到边缘端。

6.2.2 边缘控制器

边缘控制器是 Kubernetes API 服务器和 EdgeCore 之间的桥梁，负责管理边缘节点和应用状态元数据的云边协同。边缘控制器的内部结构如图 6.1(b) 所示。

由于边缘控制器映射的是一组核心 API 在云端和边缘端状态的同步，因此在实现上使用了两个通用的内部控制器命名，一个是上行流控制器，另一个是下行流控制器。从字面上也比较容易理解，上行流控制器处理上行数据，下行流控制器处理下行数据。

在集群管理的生命周期中，哪些是上行数据呢？上行数据其实和原生 Kubelet 向 Master 上报节点相关的应用、节点和服务状态的数据是一致的。这里通过上行流控制器上报的主要是节点的状态和 Pod 的状态，因为凭证（Secret）和 ConfigMap 极少存在需要从边缘节点上报到云端的情况。

下行流控制器是 KubeEdge 中多出来的比较特殊的部分。在原生的 K8s 中，节点是直接通过罗列和监听机制（list-watch）收到来自 Master 的通知，比如某个对象被创建，需要同步到节点上去，或者节点标签变更，也需要同步到节点上去。但是在 KubeEdge 里面，由于云边协同采用的是在 WebSocket 上封装的一层消息，因此需要做协议转换。我们不会全量地向边缘端同步数据，而只会向每个节点同步它最相关、最需要的数据。另外，在节点故障恢复之后，它不会进行罗列和监听操作，因为边缘端有持久化元数据的存储，节点会直接从本地恢复。那么如何保持本地恢复所需要的数据是最新的呢？就是要从云端通过下行流控制器不断地把云端发生更新的元数据向边缘端同步。如果创建了新的凭证和 ConfigMap，并且被某些 Pod 使用，那么它会结合 Pod 所在节点的信息，把相关的凭证和 ConfigMap 同步到这些边缘节点上去。服务和终端节点也是类似的处理方式。

为了帮助理解 CloudCore 在整个 KubeEdge 中起的作用，我们拿应用启动的过程做一个对比。

1. Kubernetes 中启动应用

在尝试启动应用的时候，首先负载控制器（Workload Controller）会监听（Watch）所有部署（Deployment）对象。接着，调度器会监听所有 Pod，并且这里会设置过滤条件，因为调度器最关心的是没有分配节点的 Pod。然后，Kubelet 也会监听 Pod，但是它的过滤条件与调度器不同，它的条件是 Pod 的节点名字等于自己所在节点。

负载控制器指的是 Kubernetes 管理各种类型应用的控制器，用来管理各种类型应用的生命周期。调度器用来调度新创建的 Pod，新创建的 Pod 一开始是没有分配节点的，调度器的调度行为就是给新创建的 Pod 分配节点。实际反映在 Pod 上的变化，就是 Pod 的节点名字，从空变成了实际存在的节点名字。另外，Kubelet 会监控所有被调度到本节点的 Pod，并且执行生命周期动作。

系统启动之后，用户会通过 API 创建一个应用，这里以部署（Deployment）为例。创建应用其实就是提交一个 Deployment 的描述文件，也就是 yaml 文件。之后，API 服务器进行 etcd 的存取。API 服务器把整个 etcd 封装起来，给集群中的各个组件提供统一的集群状态访问入口。广义上的集群状态就是集群中所有的资源（包括节点、组件和应用等）的信息。所有集群状态的变化查询都是通过 API 服务器来进行的。存取完成之后，etcd 进行反馈，一个新的 Deployment 被创建。API 服务器会把这个事件反馈给订阅了这类事件的组件。在这里，Deployment 事件主要是被负载控制器监听。负载控制器收到通知发现新的 Deployment 被创建，它会根据定义的实例数创建相应的 Pod。假设这个时刻创建了一个 Pod。这个 Pod 会被存储在 etcd。同时，调度器会收到事件，一个新的 Pod 被创建，这时，调度器会根据加载的多维度调度策略，在集群中找到一个最合适的节点来运行这个 Pod，并更新 Pod，写入节点名字。之后，仍然是一次数据持久化的存取。接下来，订阅了相关名字为 Pod 的节点的 Kubelet 就会收到事件通知，提示有一个新的 Pod 被调度到这个节点上，此时 Kubelet 会执行启动动作。

KubeEdge 使用了 CloudCore 和边缘节点组件来等价替换云端组件的生命周期中的一些步骤。这样可以保证 KubeEdge 中应用启动的过程在 K8s 看来仍然是一个完整的生命周期行为，不同的只是在实现上，KubeEdge 把 Pod 推到了边缘端。

2. KubeEdge 启动边缘应用

KubeEdge 启动边缘应用的重点是在调度器调度 Pod 之后的过程。

从时间线上来看，还是先看系统启动时刻。CloudCore 里的边缘控制器其实会监听很多资源，对于 Pod，它会监听所有的 Pod。当调度器把一个新的 Pod 调度到一个边缘节点上，这时会发生什么呢？首先，所有订阅了 Pod 的组件都会收到通知，CloudCore 也会收到 Pod 创建事件的通知。它会在内部循环做条件判断，判断之前调度器给这个 Pod 写入的节点名字是不是它所管理的边缘节点的节点名字。如果是，边缘控制器会做一个事件的封装，然后发送到云端集线器。之前提到过，云端集线器是云边协同中云端的组件。云端集线器通过 WebSocket 通道将消息发送到边缘节点。边缘节点上边缘集线器收到消息后，解析消息，看到里面装的是一个 Pod 的信息，然后会发送到内部的元数据管理器。元数据管理器之前也提到过，它是在边缘节点上做本地的元数据持久化的组件，从数据集角度看，可以理解为 API 服务器的子集，它存储的是所有本节点相关的元数据。元数据管理器会把收到的 Pod 消息持久化到本地数据库里。元数据本地持久化之后，会再把 Pod 创建的消息发送给 EdgeD。EdgeD 之前也提到过，是轻量化的 Kubelet。EdgeD 收到消息之后，会根据 Pod 里容器相关的定义拉起这个 Pod。

可以看到，与 Kubernetes 相比，KubeEdge 就是把 Kubelet 从订阅 Pod 到接收事件，再到拉起 Pod 内的容器的这个过程，做了一个等价替换。在 KubeEdge 里是通过 CloudCore 来监控所有边缘节点的 Pod，统一分析和下发元数据到各个边缘节点。从 API 的生命周期来看，Pod 生命周期的行为没有任何外部可见的变化。但是在实际的步骤上，我们可以让 Pod 下发到边缘节点上去，边缘端可以拉起容器。

6.2.3　设备控制器

接下来看一下边缘设备管理的整体设计。这部分的设计分为两方面，一方面是引入了扩展边缘设备的 API 抽象，另一方面是对应实现了负责设备管理的控制组件设备控制器。其实设备控制器的设计类似于 operator 的典型设计与实现，即有一个自定义的 API，以及一个自定义的控制器，用来处理这个 API 的生命周期。有所不同的是，常见的 K8s 的 operator 都是在云端或者在集中式集群分布的内部。在 KubeEdge 中，因为节点是分布在边缘端的，因此会有很多云边协同消息通信的过程。

设备控制器是 KubeEdge 的云端组件，负责设备管理。KubeEdge 中的设备管理是通过 Kubernetes 自定义资源定义来描述设备的元数据/状态和设备控制器，实现边缘和云端设备更新的同步。

首先来看一下设备 API。KubeEdge 中设计了两个 API，一个是设备模板（DeviceModel），也就是设备模板抽象，用来定义一类设备或者一种型号的设备，通常意义上，可以理解为一类边缘设备支持的属性字段是一样的；另一个是设备实例（DeviceInstance），也就是设备实例 API，用来表示具体接入的某个设备型号的实体。

1. 设备模板抽象

以温度传感器为例，其设备模板抽象如下文代码所示。主要包括两大部分内容，一个是定义设备通用支持的属性，另一个是定义每种属性字段的访问方式。属性字段定义的是通用的内容。温度传感器支持的属性（Properties）字段有温度、温度传感器开关等（还有其他属性字段，为了简单起见，代码中只列出这两个字段）。对于温度传感器来说，读取温度是有意义的，设置温度的值是无意义的，因此可以对温度属性的字段值做一些基础定义，方便后面边缘应用在读取和使用这些数据时，能够做相应处理，例如这里定义数据是否只读等。温度传感器开关字段决定了温度传感器的采集功能是否打开。开关一般是开和关两种默认值，当然，开关是可操作的，所以我们会把它定义成读写模式（ReadWrite）。

```
apiVersion: devices.kubeedge.io/v1alpha1
kind: DeviceModel
metadata:
  name: CC2650-sensortag
```

```
  namespace: default
spec:
  properties:
  - name: temperature
    description: temperature in degree celsius
    type:
      int:
        accessMode: Readonly
        maximum: 100
        unit: degree celsius
  - name: temperature-enable
    description: enable data collection of temperature sensor
    type:
      string:
        accessMode: ReadWrite
        defaultValue: 'ON'
  propertyVisitors :
  - propertyName: temperature
    bluetooth:
      characteristicUUID: f000aa0104510000000000000000
      dataConverter :
        startIndex: 1
        endIndex: 0
        shiftRight: 2
        orderOfOperations :
        - operationType: Multiply
        - operationValue: 0. 03125
  - propertyName: temperature-enable
```

```
  bluetooth:
    characteristicUuID: f0002a0204510000000000000000000
    datawrite:
      "ON": [1]
      "OFF": [0]
```

propertyVisitors 字段用来定义每一个属性字段在具体的读写操作上需要做哪些操作。这些操作会作为边缘端的 Mappers 组件的输入。Mappers 需要读取 propertyVisitors 字段。当然，Mappers 首先要读取 properties 字段，从而知道需要采集或设置哪些属性字段内容。接着 Mappers 要读取 propertyVisitors 字段，确认这些属性字段在读和写的时候，需要做哪些特殊的处理。例如，传感器支持多种设备协议，支持蓝牙协议的读写，也支持 Modbus 协议的读写（在代码中没有列出 Modbus 协议字段）。同时，在数据的处理上，很多传感器原始数据都是二进制或者完全无法理解的数字，可能需要进行精确到比特位的处理，例如设置从某个寄存器开始读取、是否需要移位操作、是否需要做单位的换算（乘积或者除法）。对于温度传感器而言，内置的可能是华氏温度，如果要转换到摄氏温度，可能需要做额外的转换操作。温度传感器的开关，最后反映在设备上，应该是某个比特位或者是某个针脚的高低电平的输入输出。实际上，我们希望，在应用实际的处理中，不需要去感知这些细节，最好只需判断当前状态是开还是关，需要的操作是开还是关。所以我们可以通过 datawrite 字段来设置语义转换，例如定义从高低电平到设备开关语义转换的定义等。

以上整体的设备模板抽象的设计，主要是 properties 字段和 propertyVisitors 字段两大结构。propertyVisitors 字段会关联 properties 字段中定义的属性。需要特别注意的是，设计 API 时需要根据协议做拆分，因为不同设备对协议的支持不一样。进入设备时，可以直接根据设备当前使用的协议来判断出需要使用什么样的 Visitors 来操作。

2. 设备实例定义

设备实例定义的代码如下所示。对于 API 中 kind 字段的命名，为了简便起见，直接把它命名为 Device。因为我们把公共的属性字段及读写方法都放在了设备模板抽象里，所以当接入一个实例的时候，需要指定它是哪种类型的设备模板，因此第一个关键字段就是 deviceModelRef 字段，这个字段通过名字的方式来索引。设备模板和设备实例的 CRD，是包含了名称空间的 CRD 设计，方便用户在实际管理的时候可以通过名称空间区分和隔离不同的边缘设备。

```
apiVersion: devices.kubeedge.io/v1alpha1
kind: Device
metadata:
  name: sensor-tag instance-01
  labels:
    description: TIS implelinkSensorTag
    manufacturer: Texas Instruments
    model: cC2650-sensortag
  spec:
    deviceModelRef:
      name: CC2650- sensortag
    protocol:
      bluetooth:
        macAddress: "BC:6A:29:AE:CC:96"
    nodeSelector:
      nodeSelectorTerms:
      - matchExpressions:
        - key: ''
          operator: In
          values:
          - edge-node1 #edqe node name
status:
  twins:
```

```
- propertyName: temperature-enable
  reported:
    metadata:
      type: string
      timestamp: '1574326968'
    value: OFF
  desired:
    metadata:
      type: string
       timestamp: "1574326814"
    value: OFF
- propertyName: temperature
  reported:
    metadata:
      type: int
      timestamp: '1574326968'
    value: 25
```

第二个关键字段是 protocol 字段，也就是当前设备接入某个节点使用的是什么协议以及协议相关的访问信息。例如蓝牙设备常用的是 MAC 地址；其他协议可能使用 IP 地址；还有认证方式是用户名和密码还是 token。如此一来，Mappers 以及部署在边缘的应用，可以从设备实例里读取这些信息，用这些信息与设备交互。

第三个关键字段是 nodeSelector 字段，即设备关联的节点信息。为了支持一些非智能的设备，KubeEdge 与设备不是直接的通信，而是通过边缘节点上的组件通信。因此，需要在设备实例中反映设备关联的节点信息。

在操作边缘设备的时候，用到最多的是设备实际的状态以及设置的开关动作的下发。在权衡了 K8s API 以及业界关于边缘设备管理的实践之后，最后是把设备孪生（DeviceTwin）概念的设计放在 status 字段下面。里面主要包含两部分，一个是 desired 字段，用于设置期望值；另一个是 reported 字段，用于记录设备当前实际状态。这样的 API 设计在其他项目里也很常见，会更容易从其他私有商业服务的框架上面迁移过来。记在设备孪生上面的数据都是已经经过 Mappers 处理的数据，是具有语义的。比如开关，可以直接按照设备孪生里开和关的语义操作，至于下面针脚高低电平的输入输出，由 Mappers 去做转换。

3. 设备控制器内部设计

设备控制器和边缘控制器比较类似，主要也是上行和下行。设备控制器内部结构如图 6.2 所示。

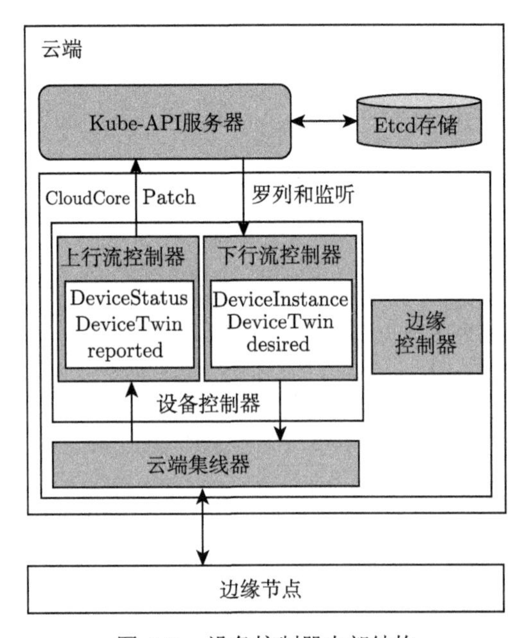

图 6.2 设备控制器内部结构

下行最主要的任务是把创建的设备实例 API 对象下发到边缘端，在边缘端持久化地保存起来。当用户需要在云端设置边缘设备开关值的时候，可以修改前面提到的 status 字段里面的 desired 字段，设置一个有语义的值。这些都是通过下行流控制器下发的。消息到达边缘节点，经过 EdgeCore、设备孪生等组件处理之后，到达设备做相关开关状态的改变。

边缘设备，例如温度传感器或者其他类型传感器等，采集数据之后，上报云端，会通过上行流控制器来转换成 K8s API 支持的操作。同时，设备上报数据的结构体会转换为设备 CRD 相关结构体的字段的变化，以 Patch 的形式在 K8s API 中更新对应实例的状态。

6.2.4 边缘存储的集成设计

在 KubeEdge 中集成边缘存储所需的工作量是比较多的，因为存储的后端在交互上需要额外的操作。首先来看 K8s 中推荐的 CSI 部署方式——容器存储方案，即如何通过 CSI 的框架和接口接入 K8s，给集群中的容器使用，提供卷。

从部署形态来看，通常会有两类工作负载，一类是 StatefulSet 或者 Deployment，这类工作负载往往用来部署容器存储的控制面的组件；另一类 DaemonSet 主要用来部署容器存储涉及节点操作时需要的相关插件，例如卷需要 mount，要格式化文件系统，这种操作可以放在每个节点的代理上操作。这就造成在部署形态上，需要用 StatefulSet 或者 Deployment 部署一部分组件，用 DaemonSet 部署另一部分组件。

在 K8s 的方案中，K8s 社区提供了两个额外的组件，主要是为了标准化容器存储方案的操作。先看控制面部分，即挂载器。挂载器不是必选的，有一些存储类型，例如对象存储不需要挂载，直接远程访问就能使用。这类存储在创建卷的时候，只需要一个 provision 操作，把后端真实的存储创建出来即可。此外，external 是指挂载器和供应器不在主代码库。K8s 社区为了区分组件是否在主代码库，给不在主代码库的组件添加了 external 命名前缀。挂载器是存储方案提供商需要提供的。在 StatefulSet 或者 Deployment 里，挂载器提供的是存储控制面的组件，需要接收供应器或者挂载器相关的处理。

在节点上也是一样的，node-driver-register 负责标准的 Kubelet 相关卷的调用、CSI 接口的调用，以及存储方案提供商提供的标准的存储接口。信号量控制器触发卷的创建，这是外部供应器需要实现的标准化 API。另外，为了方便解耦实现，供应器和存储方案提供商提供的工具组件是一个 Pod 里的 2 个容器，或者叫小推车（Sidecar），通过共享的 UNIX Socket 文件交互，或者通过谷歌远程过程调用（google Remote Procedure Call，gRPC）实现，这取决于存储方案具体如何实现。在节点上也是同理，相关的组件主要通过通用诊断服务（Unified Diagnostic Services，UDS）来做交互。另外，卷准备好之后，要去节点上做挂载，挂载操作需要一些标准接口，最后能够挂载到 Kubelet 下面相应的目录下。

可以理解为什么这个方案不能直接套用在 KubeEdge 中。因为在 KubeEdge 中，一部分节点在云端，另一部分节点在边缘端。实际上，如果只需要在云端使用存储，那么使用原生 K8s 的存储接入方案就够用了。但是如果在边缘端，就涉及存储的后端部署位置的问题。节点一般不会跨越公网去访问存储，除非是对象存储，仅做一些少量的低压力的数据交换。如果是块存储、共享存储、文件存储，通常会直接在边缘端部署存储。这就涉及一个问题，卷的 provision 和 attach 操作如何通知存储的后端。如果不修改任何 K8s 团队提供的小推车，也不修改存储方案提供商提供的组件，那么 provision 和 attach 操作其实需要对 API 服务器进行罗列和监听。然而罗列和监听不适合跨越公网。这也是 KubeEdge 项目设计中主要需要解决的问题。我们需要决定在云端创建一个卷的时候，处在边缘端的存储的后端如何完成卷的 provision、attach 和 amount 的流程。

在 KubeEdge 中，经过对比几种方案，最后选择的是把 K8s 社区提供的存储的控制面组件放在云端，把真正的存储方案提供商的相关组件放到边缘端。那么这里就出现了一个问题，当要进行 attach 或 provision 操作的时候，它们所调用的存储后端在边缘端。所以这里我们采取的做法是，伪造一个存储后端。供应器通过 UDS 访问 CSI 驱动器，它以为这就是一个真的存储方案的驱动器，但实际上，这个驱动器是 KubeEdge 伪造出来的。具体实现是把请求按照云边协同消息的格式做封装，传给云端集线器，然后经过边缘集线器，到达元数据管理器，再转发给边缘端的 EdgeD 进行后续的操作。

EdgeD 里的 In-Tree Plugin 解析消息调用处在边缘端的存储后端，它来真实地 provision 一个卷。此外，attach 也经过这个路径，attach 这个卷到指定的节点。成功后，成功信息会以原路径向上返回 CSI 驱动器。驱动器再在原来 API 调用的会话中返回结果。

所以从外部行为上来看，这个伪造的 CSI 驱动器对于供应器和挂载器来说，是完全无法分辨的。这样的话，就实现了能够在不修改第三方组件代码的情况下，集成第三方容器存储的方案。不过，这些只是卷存储中卷的 provsion 和 attach 操作经过云边协同机制的实现。实际上，在 K8s 中，使用到卷的整个生命周期的操作，还包括创建持久化卷（Persistent Volume，PV），也就是在 K8s 中声明一个卷；创建持久化卷声明（Persistent Volume Claim，PVC），即当某个 Pod 需要使用卷的时候，需要创建的一个关联关系的声明；以及创建 VolumeAttachment，这个其实是最后反映在 PVC 上的一个属性字段的变化，它需要去更新节点及 Pod 的 attach 状态。KubeEdge 将这几个操作对应的原生控制器的实现放在了边缘控制器里面。也就是说，PV 控制器去做卷的 provision 之后，卷的 provision 操作是否成功的状态需要更新。边缘节点在 provision 卷的时候，有一部分相关卷的定义是存储在 PV 和 PVC 里的。边缘端需要反向查找，这些操作都是在边缘控制器里实现的。

6.2.5 云端集线器与边缘集线器的通信机制

云端集线器是 CloudCore 的一个模块，是控制器和边缘端的中介。它同时支持基于 Web 套接字的连接以及基于 QUIC 协议的访问。边缘集线器可以选择其中一种协议接入云端集线器。云端集线器是云端实现云边通信的组件。在边缘端，与云端集线器对等的组件是边缘集线器。

云端集线器也分为下行和上行两个部分。下行通过云端集线器下发元数据；上行通过云端集线器状态刷新状态。

1. 通过云端集线器下发元数据

云端集线器下行结构如图 6.3(a) 所示。下行是指通过云端集线器下发元数据，通过消息分发器实现。每个边缘节点通过 WebSocket 创建长连接，接入云端集线器的 WebSocket 连接池。在连接池之上，每个 WebSocket 连接对应一个待发送消息队列。边缘控制器和设备控制器所有需要下行处理的元数据，会经过消息分发器分发到每一个边缘节点对应的待发送队列中，待发送队列将元数据封装成消息，通过 WebSocket 发送到边缘节点，边缘再进行后续处理。下行的过程就是一个分发元数据进入队列的过程。

下行的时候需要识别发给哪个或哪些节点。对于 Pod、节点、ConfigMap、凭证等的更新，首先需要识别它关联了哪些 Pod，这些 Pod 分布在哪些节点上，再去做对应的下发。消息分发器还有一个作用，例如下发的是一个 ConfigMap 更新，这个 ConfigMap 如果被多个 Pod 使用，消息分发器会向每个待发送消息队列里都放入这个 ConfigMap 的副本，每个节点都可以收到。如果是单节点对象（Pod 或节点），直接放入对应的单个消息队列就可以了。

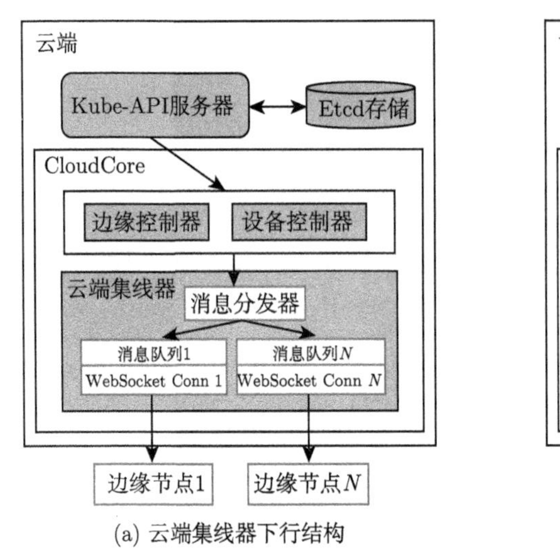

(a) 云端集线器下行结构

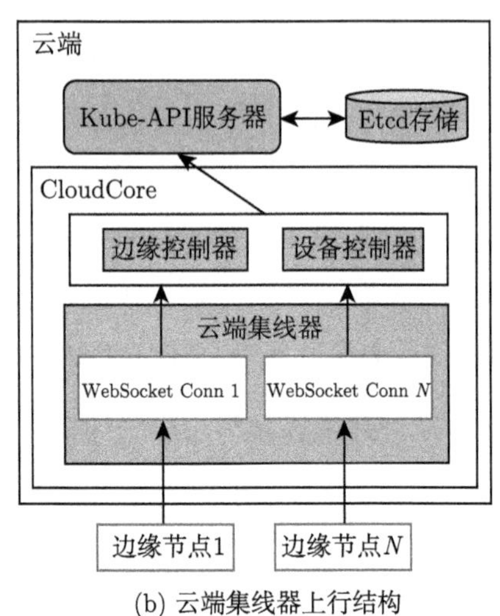

(b) 云端集线器上行结构

图 6.3 云端集线器结构图

2. 通过云端集线器状态刷新状态

云端集线器上行结构如图 6.3(b) 所示。上行消息通过 WebSocket 转发到控制器，控制器再将消息上报到 API 服务器。此外，控制器本身有消息处理队列，所以上行消息不会经过待发送队列，也不需要经过消息分发器，即不需要汇聚，直接转发给两个控制器即可。云端集线器与边缘控制器、设备控制器的通信是用之前提到的 Beehive 框架来实现的。

（1）消息的封装

消息的封装格式是 KubeEdge 中云边协同设计的核心。云边协同的时候，消息里面到底封装的是什么呢？其实封装的是完整的 K8s API 对象，如下列代码所示。

```
type Message struct {
    Header  MessageHeader `json: "header"`
    Router  MessageRoute  `json: "route,omitempty"`
    Content interface{}   `json: "content"`
}
type MessageHeader struct {
    // the message uuid
    ID string `json:"msg_id"`
    // the response message parentid must be same with
     message received
    // please use NewRespByMessage to new resnonse message
    ParentID string `json:"parent msg_id, omitempty"`
    // the time of creating
    Timestamp int64 `json:"timestamp"`
    // the flag will be set in sendsync
    Sync bool `json:"sync,omitempty"`
}
type MessageRoute struct {
    //where the message come from
    Source string `json:"source, omitempty"`
    // where the message will broadcasted to
    Group string `json:"group, omitempty"`
    // what's the operation on resource
    Operation string `json:"operation , omitempty"`
    // what's the resource want to operate
    Resource string `json:"resource , omitempty"`
}
```

K8s 采用的是声明式 API 设计，对象上的字段都是期望值或者说最终态。我们选择把整个对象原封不动地丢下去，实际上是保留了这种设计理念。也就是最终对象的变化需要产生什么样的动作，由哪个组件处理，就由哪个组件来比较并生成差异，也就是生成 diff 值，而不是提前计算好这个值再下发。

提前计算好 diff 值带来的问题是，计算 diff 值时，需要感知 before 和 after 这两个对象。before 这个对象的获取会有时间差。如果在处理的过程中，有其他组件也对这个对象进行了更新，这个 before 就会发生变化。这时计算出来的 diff 值就不准确。因此 KubeEdge 里是把对象原封不动地下发，直到最后一步再去计算 diff 值。

MessageHeader 和 MessageRoute 这两个子结构体是用来处理云边协同过程中多组件、多队列分发的辅助信息的保存。

MessageHeader 主要用来保存会话信息，包括消息自身的 ID 字段、ParentID 字段和 Sync 字段。例如，从边缘端发起一个查询，云端响应，这个过程中消息其实是割裂多次的请求，如何关联在一起呢？就是使用 ParentID 字段来关联是对哪个消息做出的响应，从而形成完整的处理过程。Sync 字段是个比较高级的设计，大部分消息都是异步发送的，消息发完可以继续后续处理，不用等待对端（远端）消息的响应。但有的情况下消息需要使用同步发送。例如，存储方案集成中，供应器和挂载器对于存储后端的调用是同步调用。它需要立刻知道消息是否已被存储后端收到且卷是否已经在做 provision 的操作。在这种场景下，就会用到 Sync 字段，将消息发送设置为同步处理。

MessageRoute 主要用来保存消息来源和目的地。云端集线器和边缘集线器之间收发消息，以及进程内的模块间通信，都是使用这样的消息格式。例如，云端集线器接收消息后进行消息解析，知道这个消息要转发到哪个模块后，会设置 Source 字段和 Group 字段，即来自哪个模块、发送到哪个模块去。Resource 字段是用来保存所操作的对象信息。因为一个完整的 K8s API 对象数据量较大，其序列化与反序列化的代价也较高，所以我们会用一个 Resource 字段，标记操作的是 K8s 中哪个 API 对象。这样，在消息转发处理时，通过读取 Resource 字段的内容就可以直接处理消息的转发，能够以较低代价完成消息路由。Operation 字段其实就是标记超文本传送协议（HyperText Transfer Protocol，HTTP）动作的字段，例如 PUT、POST、GET 和 DELETE。

（2）消息可靠性设计

云边通信中还有一部分很重要的内容，就是消息可靠性设计。在边缘计算场景下，边缘端的网络通常是不稳定的，这将导致云边的网络连接频繁断开，在云边协同通信时存在丢失数据的风险。虽然基于 WebSocket 可以实现在高时延、低带宽的情况下比较良好的云边通信工作状态，但是 WebSocket 本身不能保证消息不丢失。所以还需要在云边协同中引入一套消息可靠性的设计，设计理念如图 6.4 所示。

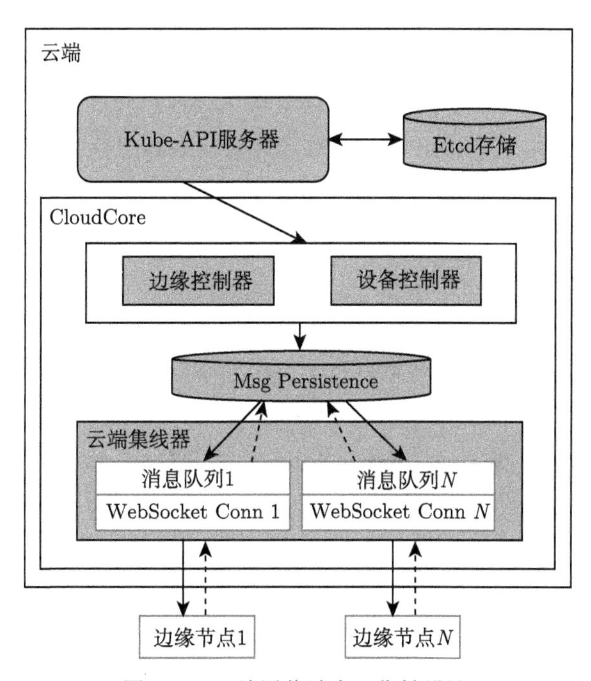

图 6.4　云边通信消息可靠性设计

下行消息产生后，需要分发到每个边缘节点的待发送队列里。这里有一个问题，在云边协同通信时存在丢失数据风险的情况下，如何保证云端和边缘端数据的一致性呢？有几种备选方案。一种是云端主动发现边缘端是否连接正常，可以选择在协议层做设计。另一种就是采用基于响应的方式，如果边缘端收到消息，我们认为它已经成功接收消息并且正在处理中。这里有几点需要明确：第一，消息的丢失对 KubeEdge 云边状态的一致性是否有影响；第二，重复发送的消息是否会影响边缘对象的状态。事实上，虽然我们保留了 K8s 声明式 API 的理念，但我们精简了很多不必要的 Master 和节点交互的过程，如果某次消息未送达，并不会在短时间内产生新的交互，把更新的内容同步到节点上。这就带来一个问题，如果丢失了一个消息，在很长一段时间内，云端和边缘端的状态是不同步的。针对这个问题，最简单粗暴的方式就是重发。如果重发消息会怎样呢？由于 KubeEdge 中保留了 K8s 声明式 API 的理念，因此消息多次重发对 API 对象的最终状态是没有影响的，因为标记的是最终的状态，而不是一个差异值或者变化值。

基于以上几点考虑，KubeEdge 引入了基于 ACK 的重发机制。云端发送状态同步消息到边缘端时，边缘端在接收到消息并且持久化成功后，会回复状态同步成功的 ACK 消息给云端。如果云端未收到边缘状态同步成功的回复消息，则由业务层代码触发重传机制，重新进行状态同步。

6.3 边缘端组件

为了进一步降低边缘端的资源占用、出问题的概率和维护难度，本着“简单至上”的原则设计边缘端组件。所有的核心组件都运行于相同的进程内，将不同的功能组件定义为不同的模块（Module），通过名为 Beehive 的组件进行通信交互，使用轻量级的 Go 语言协程运行各个模块。整体的边缘端组件功能如下。

边缘集线器负责与云端的交互，与云端集线器是对等的，基于 WebSocket 提供可靠的云边信息同步。

元数据管理器组件使能边缘离线自治能力，其主要功能是元数据本地持久化。通过元数据管理器组件来实现节点级的元数据的本地持久化。简单来说就是，每个节点上运行了哪些 Pod，这些 Pod 用到了哪些 ConfigMap、凭证以及服务，都会通过元数据管理器写入边缘端的本地持久化数据存储（Edge Store）。当前，KubeEdge 里用的边缘端数据库是 SQLite，因为它足够轻量化。

EdgeD 组件是裁剪后的轻量化的 Kubelet 组件。KubeEdge 重组了 Kubelet 的模块，选用了应用生命周期管理所需要的最关键的几个模块，去除了内置的云存储的驱动，更轻量化地实现了 Pod 的生命周期管理。

DeviceTwin 组件指设备孪生，这个组件也用于数据状态同步和持久化。它主要面向边缘设备。边缘端通过 DeviceTwin 组件，将边缘设备的状态值或者开关值写入边缘持久化存储，并且同步到云端。

EventBus 和 ServiceBus 是对等的概念，是设备访问中的适配器。EventBus 是一个 MQTT 的客户端，可以通过 EventBus 实现与应用的交互。ServiceBus 是一个 HTTP 的客户端。在某些场景下，边缘设备可能提供了 HTTP 的接口，那么可以直接通过 ServiceBus 来访问这个设备。

6.3.1 边缘端架构设计

边缘组件架构如图 6.5 所示。边缘集线器组件启动后主动发起与云端服务的连接，通过 WebSocket 协议构建一条长连接，接收云端下发的消息并上报边缘端的数据和状态。接收到云端下发的某资源对象的元数据后，边缘集线器将该数据送给元数据管理器组件，元数据管理器组件统一管理云端下发的管理对象的元数据，使用 SQLite 数据库将数据持久化，并向其他动作执行模块提供查询接口，当对象元数据、状态等发生变化后，更新数据库中的相关数据。EdgeD 组件负责边缘端的应用管理，根据收到的应用对象元数据，通过 Docker 引擎的接口启动相应的 Docker 容器，并管理容器的网络、存储、配置信息等。DeviceTwin 组件维护边缘端的 DeviceTwin 数据，边缘设备的数据通过 Mappers 收集至该组件，DeviceTwin 组件负责将数据持久化并对云端和边缘端的其他应用提供标准化的数据访问接口。EventBus 负责维护一个内置的 MQTT Broker 的数据转发，并且可以使用桥接（Bridge）模式对接一个外置的 MQTT Broker。边缘端其他应用产生的数据或收集到的边缘设备的数据经 EventBus 转发至云端或其他边缘端组件。同时，EdgeCore 中的其他模块需要与边缘端其他应用以 MQTT 消息的方式（推荐的边缘端消息交互模式）进行交互的时候都需通过该组件进行。ServiceBus 的定位与 EventBus 相同，负责通过以 REST 服务的形式连通云端和边缘端的应用。当边缘端的 REST 服务没有公网 IP 地址时，云端的 REST 请求可以通过 KubeEdge 提供的 WebSocket 连接传送至边缘端，ServiceBus 负责将该请求转发至正确的边缘端应用，而后将应答报文返回至云端相应的请求发送方。Mappers 和 DeviceTwin 共同构成了物理设备到数字世界的映射。Mappers 通过不同设备协议与其相连并将数据按照 DeviceTwin 的格式转换为 DeviceTwin 模型数据，通过 MQTT Broker 将数据送入 DeviceTwin 模块供其他应用访问。在软件栈生态集成上，KubeEdge 支持多种容器运行时 CRI，支持 CSI、容器网络接口（Container Network Interface，CNI），以及监控的集成。接下来将分别介绍边缘集线器和 EdgeD 的详细设计，以及边缘自治的原理。

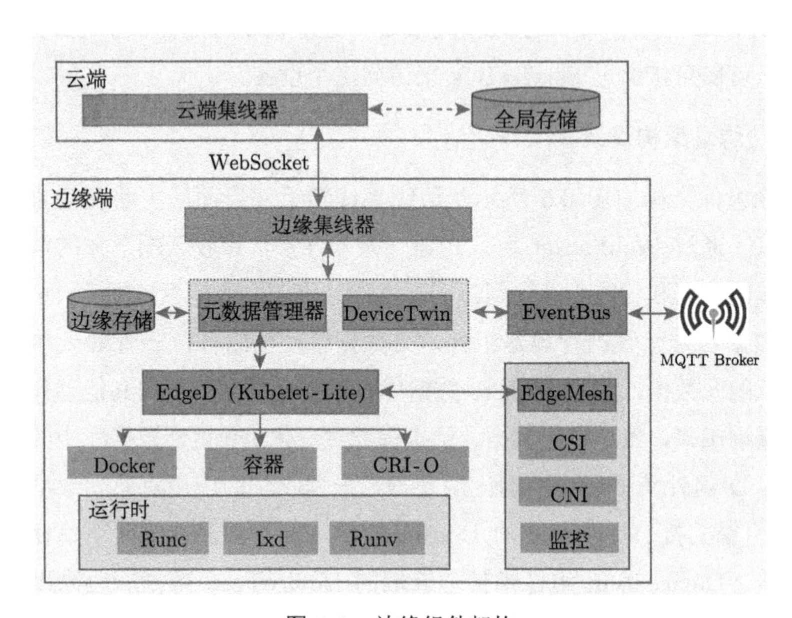

图 6.5 边缘组件架构

6.3.2 边缘集线器

边缘集线器负责与云端集线器组件交互。边缘集线器和云端集线器共同组成了云边消息通道。边缘集线器也分为上行和下行两部分。

上行通过边缘集线器刷新状态，EdgeD 会上报节点以及 Pod 的状态到边缘集线器，通过边缘集线器与云端的 WebSocket 或者 QUIC 连接，将边缘端状态同步到云端。这样就实现了 Pod 或者节点状态的上报。设备端也会有相同的状态上报的过程。

下行通过边缘集线器下发元数据，边缘集线器收到云端集线器下发的元数据后，消息分发器根据消息的目的模块，将消息分发到对应的模块里。如果消息是 Pod 类型的元数据，则分发到元数据管理器。元数据管理器存储元数据后，再将消息发给 EdgeD，由 EdgeD 操作 Pod。如果消息是设备类型的元数据，则分发给设备端，再通过 EventBus MQTT 发送给具体的设备。

元数据管理器持久化元数据，元数据管理器就是 EdgeD 和边缘集线器之间的一个持久化层。元数据管理器收到数据后先进行持久化，持久化成功后再转发数据。

6.3.3 EdgeD

EdgeD 是裁剪后的轻量化 Kubelet。由于边缘端资源有限，运行一个完整的 Kubelet 资源消耗较大，因此 KubeEdge 对 Kubelet 进行了裁剪，保留了边缘应用生命周期管理的模块，裁剪了一些非必要模块，例如第三方存储等。

6.3.4 边缘自治原理

假如没有可靠的边缘自治能力，那边缘上的应用其实是非常不稳定的。在原生 K8s 中，如果边缘节点重启，节点上的业务都会终止。为了解决这个问题，我们做了边缘持久化设计，可以保证边缘在任何情况下都可以稳定运行。

之前提到过，EdgeD 是通过元数据管理器获取元数据的，元数据管理器再从边缘持久化数据库中读取元数据。因此，当云边连接断开时，边缘业务仍可稳定运行。还有一种情况，就是云边连接断开后，边缘节点重启，EdgeD、DeviceTwin 从边缘持久化数据库读取元数据，业务可正常恢复。如果是 Kubelet，因为 Kubelet 拿回来的数据都保存在内存里，如果节点断开再重启，内存里缓存的数据就都没有了，如果重启以后容器挂掉，那么整个边缘节点都恢复不了。在 KubeEdge 里，由于元数据都保存在边缘持久化数据库里，边缘节点重启以后，EdgeD 会通过元数据管理器从数据库中读取应用元数据，把所有应用服务都恢复起来，从而保证边缘端能够稳定地运行。对比原生的 K8s，这是 KubeEdge 中设计的关键能力之一。

6.4 设备管理设计原理

6.4.1 CNCF KubeEdge 设备管理整体设计

通过以下流程可以实现设备管理：设备控制器下发设备元数据至云端集线器，云端集线器通过 WebSocket 或者 QUIC 转发到边缘集线器。边缘集线器收到元数据后，再转发给 DeviceTwin 组件。DeviceTwin 组件主要负责两个任务，第一是将设备元数据本地持久化，第二是设备元数据云边中转，也就是将设备元数据通过 EventBus 转发给边缘设备。EventBus 其实就是一个 MQTT 客户端，一边与设备端 MQTT 对接，另一边与边缘端 DeviceTwin 组件通信。Mappers 与 EdgeCore 是独立的，Mappers 也是一个独立进程，负责设备接入。如果设备直接支持 MQTT 协议，也可以直接使用 MQTT 接入，不需要使用 Mappers。

6.4.2 DeviceTwin 组件设计原理

DeviceTwin 组件负责将收集到的边缘端数据进行持久化，并对云端和边缘端的其他应用提供标准化的数据访问接口。北向对接边缘集线器，南向对接 EventBus。DeviceTwin 组件内部模块包括 Device、Twin、Membership、Communication 和 DataBaseClient。

Device 模块记录接入了哪些设备；Twin 模块记录了设备的期望状态与实际状态；Membership 模块与 Device 模块类似，管理已接入的设备；Communication 模块可以获取 DeviceTwin 组件的值，分别与边缘集线器和 EventBus 通信；DataBaseClient 模块负责边缘设备信息本地持久化存储，出现在多个模块中。

6.4.3 EventBus 设计原理

EventBus 是一个 MQTT 客户端，负责收发 MQTT 消息与 KubeEdge 消息到 MQTT 消息的转换。右边对接 MQTT Broker，左边对接 DeviceTwin 组件。举例来说，边缘设备通过 MQTT 向 EventBus 传了一些数据，例如摄像机采集的图片，不想通过 DeviceTwin 组件往上传，想直接传到云端，云端也不需要设备控制器去处理，只要保存下来就可以。在 AI 场景下，边缘摄像头采集的图片，想保存到云端用于训练，这种场景对可靠性要求不高，直接传上去保存，训练模型再读取数据就可以了。因为有这种场景，所以 EventBus 里面分成两部分，一部分直接从边缘集线器往云端上传，另一部分还是从 DeviceTwin 组件往云端上传。

6.5 EdgeMesh 设计原理

在 KubeEdge 中，边缘端的服务发现、服务通信是由 EdgeMesh 负责的。EdgeMesh 借鉴了 ServiceMesh 的理念进行边缘端流量治理。因此，在介绍 EdgeMesh 之前，首先介绍 ServiceMesh，然后介绍 EdgeMesh 的整体设计。

6.5.1 ServiceMesh 简介

ServiceMesh 是指微服务治理。在传统架构下，服务治理程序和应用程序是紧耦合的，给升级和运维带来比较大的困难。ServiceMesh 提出，将治理能力独立出来，将应用单元与服务治理单元分离。应用流量会先导入服务治理单元，可以在服务治理单元里配置服务访问策略，应用流量会去访问对应的服务。这样带来的好处就是应用程序无感知，提供了与应用业务相独立的服务治理能力。它们组成了一个相互访问的类似网格的结构，因此又叫服务网格。

6.5.2 EdgeMesh 整体设计

EdgeMesh 借鉴了 ServiceMesh 的理念，做法是让 EdgeMesh-Proxy 来负责所有边缘端流量的转发。EdgeMesh 与业界典型的 ServiceMesh 的区别如下：在小推车的设计模式中，每个应用的实例中都要运行一个小推车，资源的消耗会比较大，出于对资源利用率的考虑，我们将代理放在了每个节点中，也就是每个节点一个代理。

针对边缘端的使用场景，我们在 EdgeMesh 中实现了内置的域名解析。也就是说，EdgeMesh 是不依赖于云中心的 DNS 的。边缘节点与云端断开之后，依然具备服务域名解析的能力，依然可以与其他的边缘节点通信。

在实现上，EdgeMesh-Proxy 负责边缘端流量转发，支持 L4、L7 流量治理。通过业界通用的 iptable 规则实现网络流量劫持。EdgeMesh 的设计目标是支持跨越云边的一致的服务发现和访问体验。当前已经实现了在同一个子网内的边与边的服务通信，后续还会实现跨子网，也就是穿越私有网络的服务通信。同时在控制面，目前实现了 K8s 服务 API，后面会实现标准 Istio 服务治理的 API，在云端可以直接使用 Istio 来管理控制边缘端的服务路由的规则，即将服务治理的 Istio 规则下发到边缘端，放在 EdgeMesh 里面。

6.5.3 EdgeMesh 转发流程

客户端业务容器的请求流量先发送到所在 Pod 的初始容器里，如图 6.6 所示。初始容器会做流量劫持，将流量转发给 EdgeMesh 模块处理，由 EdgeMesh 做后续的流量转发。如果需要域名解析，EdgeMesh 会查询元数据管理器先解析，否则直接按照主机端口转发到位于另一个边缘节点的业务 Pod。

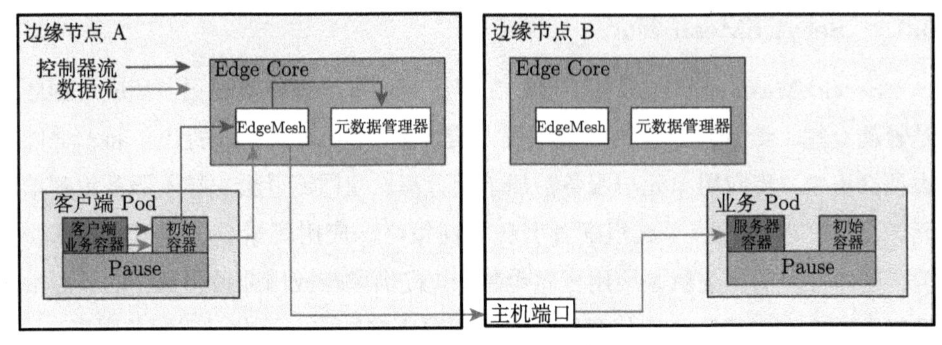

图 6.6 EdgeMesh 转发流程

目前在每个业务 Pod 里都会有一个初始容器，它会把流量导入 EdgeMesh。而位于同一个节点上的所有业务 Pod 里的初始容器作用是相同的。在未来的版本中，初始容器不再位于每个业务 Pod 中，而是只出现在实际节点上，通过 iptable 规则拦截业务流量，转发给 EdgeMesh。

6.5.4 Sedna 架构设计

1. Sedna 概述

Sedna 是在 KubeEdge SIG AI 中孵化的一个云边协同 AI 项目。得益于 KubeEdge 提供的云边协同能力，Sedna 可以实现跨云边的协同训练和协同推理，如联合推理、增量学习、联邦学习等。Sedna 支持目前广泛使用的 AI 框架，如 TensorFlow、Pytorch、PaddlePaddle、MindSpore 等，现有 AI 应用可以无缝迁移到 Sedna，快速实现云边协同的训练和推理，可在降低成本、提升模型性能、保护数据隐私等方面获得提升。

2. Sedna 特性

Sedna 具有如下特性：提供云边协同 AI 基础框架；提供基础的云边协同数据集管理、模型管理，方便开发者快速开发云边协同 AI 应用；提供云边协同训练和推理框架；支持联合推理，针对边缘资源需求大或边缘资源受限的条件，基于云边协同的能力，将推理任务卸载到云端，提升系统整体的推理性能；支持增量训练，针对小样本和边缘数据异构的问题，模型可以在云端或边缘端进行自适应优化，边用边学，越用越聪明；支持联邦学习，针对数据大、原始数据不出边缘端、隐私要求高等场景，模型在边缘端训练，参数在云端聚合，可有效解决数据孤岛的问题；兼容主流 AI 框架 TensorFlow、Pytorch、PaddlePaddle、MindSpore 等，并针对云边协同训练和推理，预置难例判别、参数聚合算法，同时提供可扩展接口，方便第三方算法快速集成。

3. Sedna 整体架构

Sedna 的云边协同基于 KubeEdge 提供如下能力：跨云边应用统一编排；路由器支持管理面云边高可靠消息通道；EdgeMesh 支持数据面跨云边微服务发现和流量治理。

4. Sedna 核心模块

Sedna 核心模块包括下几部分: 全局管理器，统一云边协同 AI 任务管理，云边与跨边协同管理中心配置管理；本地管理器，云边协同 AI 任务的本地流程控制，本地通用管理模型、数据集、状态同步等；工作节点执行训练或推理任务, 基于现有 AI 框架开发的训练/推理程序的不同特性对应不同的工作节点组, 工作节点可部署在边缘端或云端, 并进行协同 Lib 面向 AI 开发者和应用开发者, 暴露云边协同 AI 功能给应用。

6.6 CNCF KubeEdge 的未来发展

随着云计算技术的不断发展，为了满足业务低时延、高体验的要求，越来越多的应用被部署在边缘端执行。日益复杂的应用场景，在分布式架构、边缘应用按需加速、云边协同等方面对边缘计算平台提出了新的要求。软件定义机器、虚拟化、容器等边缘计算基础设施，跨越不同环境进行移植的统一轻量级操作系统，应用在不同边缘节点上的按需部署和调度，适合边缘计算节点的轻量级 AI 算法、开发框架和工具包，边缘计算技术与人工智能技术的有机结合等都将是边缘计算技术突破的发力点。KubeEdge 也将在如下方面进一步开拓发展。

1. 边缘服务网络能力

随着边缘场景的日益复杂，应用在云端和边缘端逐步组成复杂的服务网络。相比云端的标准化环境，边缘场景容器网络配置管理复杂、网络割裂互不通信等问题，极大地制约了边缘应用的进一步发展，如何在边缘端提供服务的自动注册、发现以及流量的互通，成为一个亟待解决的问题。

在 KubeEdge 中，服务治理是由 EdgeMesh 负责的。EdgeMesh 提供了一个轻量化且具有高集成度的流量治理组件，在解决云端 ServiceMesh 对系统资源、网络环境要求较高等问题的同时，增加服务在中心云与边缘节点、边缘节点与边缘节点之间的网络协同能力，更好地适应全分布式的边缘场景需求。

2. 边缘 Serverless 能力

计算资源的海量离散分布是边缘计算的一个典型特征，在边缘计算场景中，系统中往往管理着成百上千的计算节点，需要满足用户的 3 点主要需求：第一，应用软件不感知运行环境的变化，系统应该屏蔽硬件环境的差异；第二，用户只用关注应用软件本身的逻辑和运行状态，不用对底层基础设施进行过多的运维；第三，用户不用关注应用的具体位置，平台根据请求在合适的边缘节点上运行边缘应用，以提高边缘资源的使用效率。以上的需求和 CNCF 定义的 Serverless 概念高度重合，可以说边缘计算是 Serverless 的一个天然的运用场景。

KubeEdge 通过容器生态解决边缘资源异构的问题，但是容器应用存在资源占用多（100 MB）、镜像文件大（GB 级）、启动时间慢（秒级）等问题，在一些资源受限的场景上无法很好地运用。WASM（WebAssembly）技术为未来的边缘计算提供了一个新的思路。同时，为了解决边缘应用部署的地理无感知要求，对边缘计算节点进行全局的调度控制显得尤为重要，通过对业务流量进行实时感知，协同业务流量进行计算资源的按需调度，甚至根据边缘节点的计算能力反向控制边缘流量的接入选择，成为边缘计算的一个重要研究方向。

3. 边缘设备接入及数据管理框架

在边缘 IoT 设备管理领域，缺少统一的边缘设备接入标准和边缘数据管理标准，KubeEdge 将依托 Device-IoT SIG，针对工业 IoT 场景，探索通用的边缘 IoT 设备管理标准接口，兼容 EdgeX Foundry、Akri、EMQ 等 IoT 计算框架，同时提供边缘数据管理能力，提供数据跨云边、边边的互通与共享。

4. 分布式协同 AI 框架

在数据时代，人工智能技术被广泛用于增强设备、边缘和云的智能，并且在计算能力、数据存储和网络方面有较高要求。随着人工智能服务与边缘用户的距离缩短，通用人工智能技术中原本存在的数据孤岛、资源受限、小样本和数据异构等挑战，在边缘场景下变得愈发尖锐。

随着人工智能性能逐步发展到切实能够影响服务的使用体验，其性能也成了边缘计算服务性能的关键。但边缘智能仍然属于新兴研究课题，缺少统一的 AI 系统测试规格和标准测试床，使得探索过程挑战重重：算法开发者需要与实际业务需求相关的资源支持，包括场景、数据集、业务指标等；服务部署者需要对相关业务提供技术支持，包括算法及其在特定场景下的性能演示；甚至社区也需要指标性能辅助人工智能算法评审。

KubeEdge 将通过 AI SIG 持续孵化分布式协同人工智能框架 Sedna。Sedna 致力于实现 AI 的分布式协同训练与推理，同时兼容业界主流的 AI 框架，支持现有 AI 应用无缝下沉到边缘端，快速实现跨云边的终身学习、增量学习、联邦学习、协同推理等特性，进一步解决上述边缘智能挑战，达到降低成本、提升模型性能、保护数据隐私等效果。

5. 云机器人

近年来智能移动机器人应用的场景越来越多，如工厂、家庭、医院、公共空间等，市场快速增长，并在未来还将继续增长。目前，机器人在开发、部署、运维阶段仍面临非常大的挑战，如机器人交付周期长、成本高昂、AI 应用开发困难等。

KubeEdge Robotics SIG 将基于 KubeEdge 云边端融合架构，打造一个云机器人平台，将云计算技术（云原生、AI、存储等）与机器人集成，可支持异构机器人接入（如移动机器人、机器臂等），海量规模机器人批量管理等。将流行的开源机器人技术（如 ROS、Gazebo 等）与 KubeEdge 集成，使机器人的开发、调试、模拟、部署和管理更容易。和 AI SIG 等组织合作，通过终身学习、协同推理等技术赋能，使机器人更加智能。最终基于云机器人平台帮助机器人实现更柔性、更低成本、更加智能的特性。

第 7 章　CNCF KubeEdge 实战

CNCF KubeEdge 是一个开源系统，用于将容器化应用程序编排功能扩展到边缘端的主机。它基于 Kubernetes 构建，并为网络应用程序提供基础架构，支持云端和边缘端之间的部署和元数据同步。本章将从 CNCF KubeEdge 的搭建与实验两个方面，介绍 CNCF KubeEdge 的安装方法与应用场景。

7.1　CNCF KubeEdge 的搭建

本节将基于 CenTOS7.0 系统对 CNCF KubeEdge 进行编译与部署。

7.1.1　依赖环境

在云端需要安装 Kubernetes 集群。

在边缘端需要安装容器运行时和 MQTT 服务器（可选）。容器运行时目前支持 Docker、Containerd、CRI-O、Virtlet。

1. 安装 Docker

```
# update-alternatives --set iptables /usr/sbin/iptables-legacy
# yum install -y yum-utils device-mapper-persistent-data
 lvm2 && yum-config-manager --add-repo https://download.docker.
 com/linux/centos/docker-ce.repo && yum makecache
# yum -y install docker-ce
# systemctl enable docker.service && systemctl start docker

说明：如果想安装指定版本的Docker，使用如下代码
# yum -y install docker-ce-18.06.3.ce
```

2. 安装 Kubernetes 集群

（1）预操作

```
禁用开机启动防火墙
# systemctl disable firewalld
禁用SELinux
# sed -i 's/SELINUX=permissive/SELINUX=disabled/' /etc/
sysconfi g/selinux
SELINUX=disabled
关闭系统swap
# sed -i 's/.*swap.*/#&/' /etc/fstab
#swapoff -a
```

（2）配置 yum 源

```
[root@ke-cloud ~]# cat <<EOF > /etc/yum.repos.d/kubernetes.
repo[kubernetes]
name=Kubernetes
baseurl=https://mirrors.aliyun.com/kubernetes/yum/repos/kuber
netes-el7-x86_64
enabled=1
gpgcheck=1
repo_gpgcheck=1
gpgkey=https://mirrors.aliyun.com/kubernetes/yum/doc/yum-key.
gpg
https://mirrors.aliyun.com/kubernetes/yum/doc/rpm-package-key.
gpg
EOF
```

（3）安装 kubeadm、kubectl、kubelet

kubeadm：用来初始化集群的指令。

kubelet：在集群中的每个节点上用来启动 Pod 和容器等。

kubectl：用来与集群通信的命令行工具。

```
[root@ke-cloud ~]# yum makecache
[root@ke-cloud ~]# yum install -y kubelet kubeadm kubectl
说明：如果想安装指定版本的kubeadm，使用如下代码
[root@ke-cloud ~]# yum install kubelet-1.17.0-0.x86_64
kubeadm-1.17.0-0.x86_64 kubectl-1.17.0-0.x86_64
```

（4）拉取镜像

用命令查看版本当前 kubeadm 对应的 K8s 组件镜像版本。

```
[root@ke-cloud ~]# kubeadm config images list
I0716 20:10:22.666500    6001 version.go:251] remote version
is much newer: v1.18.6; falling back to: stable-1.17
W0716 20:10:23.059486    6001 validation.go:28] Cannot
validate kubelet config - no validator is available
W0716 20:10:23.059501    6001 validation.go:28] Cannot
validate kube-proxy config - no validator is available
k8s.gcr.io/kube-apiserver:v1.17.9
k8s.gcr.io/kube-controller-manager:v1.17.9
k8s.gcr.io/kube-scheduler:v1.17.9
k8s.gcr.io/kube-proxy:v1.17.9
k8s.gcr.io/pause:3.1
k8s.gcr.io/etcd:3.4.3-0
k8s.gcr.io/coredns:1.6.5
```

使用 kubeadm config images pull 命令拉取上述镜像。

```
[root@ke-cloud ~]# kubeadm config images pull
I0716 20:11:12.188139    6015 version.go:251] remote version
is much newer: v1.18.6; falling back to: stable-1.17
W0716 20:11:12.580861    6015 validation.go:28] Cannot
```

```
validate kube-proxy config - no validator is available
W0716 20:11:12.580877    6015 validation.go:28] Cannot
validate kubelet config - no validator is available
[config/images] Pulled k8s.gcr.io/kube-apiserver:v1.17.9
[config/images] Pulled k8s.gcr.io/kube-controller-manager:
v1.17.9
[config/images] Pulled k8s.gcr.io/kube-scheduler:v1.17.9
[config/images] Pulled k8s.gcr.io/kube-proxy:v1.17.9
[config/images] Pulled k8s.gcr.io/pause:3.1
[config/images] Pulled k8s.gcr.io/etcd:3.4.3-0
[config/images] Pulled k8s.gcr.io/coredns:1.6.5
```

（5）启动 kubeadm 部署 K8s

```
./kubeadm init --pod-network-cidr 192.168.0.0/16
```

7.1.2 使用 keadm 部署 CNCF KubeEdge

1. 下载 CNCF KubeEdge 安装程序 keadm

因为 keadm 在运行过程中会自动下载 KubeEdge 相关组件和配置文件，建议在连接外网环境下运行，如果不能连接外网，可以预先下载相关文件到指定目录 (通常是/etc/kubeedge/)，再离线运行。

2. 在 Master 节点安装 KubeEdge 组件

修改 kubernetes master apiserver 配置，开放 8080 非安全端口。

```
vi /etc/kubernetes/manifests/kube-apiserver.yaml
修改如下参数
--insecuret-port=8080
--insecure-bind-address=0.0.0.0
```

在 Master 节点上执行如下指令，下载 KubeEdge 云端组件 CloudCore 及相关配置文件，并且部署 CloudCore。

```
# keadm init --kubeedge-version=1.3.1 --kube-config=/root/.
kube/config
--master=http://127.x.x.1:8080
```

在 keadm init 执行结束后，执行如下指令获取 token：

```
keadm gettoken
```

3. 在 edge 节点安装 CNCF KubeEdge 组件

边缘端需要预装 Docker。

在边缘节点执行如下指令 (需替换 IP 地址及 token)，下载 EdgeCore 组件及配置文件，并且安装 MQTT，建议在连接外网的环境下运行。

```
keadm join --cloudcore-ipport=192.168.20.50:10000 --token=
{token}
```

运行完成后，可以在 Master 节点上执行如下指令，查看边缘节点状态。

```
kubectl get nodes
```

如果节点状态均为 ready，表示 KubeEdge 部署成功。

7.1.3 CNCF KubeEdge 集群升级

1. 备份数据库

在每一个边缘节点上备份 EdgeCore 数据库：

```
$ mkdir -p /tmp/kubeedge_backup
$ cp /var/lib/kubeedge/edgecore.db /tmp/kubeedge_backup/
```

2. 停止 EdgeCore 与 CloudCore 进程

依次停止 EdgeCore 进程，确保所有 EdgeCore 进程停止后，再停止 CloudCore 进程。

停止进程的方式取决于部署的方式：对于二进制或“keadm”，使用 kill 命令；对于“systemd”，使用 systemctl 命令。

3. 清理

```
$ rm -rf /var/lib/kubeedge /etc/kubeedge
```

4. 重载数据库

在每一个边缘节点上重载数据库。

```
$ mkdir -p /var/lib/kubeedge
$ mv /tmp/kubeedge_backup/edgecore.db /var/lib/kubeedge/
```

5. 重新部署

按照 7.1.2节的内容重新部署新版本 CNCF KubeEdge。

7.2 CNCF KubeEdge 的实验

7.2.1 使用 CNCF KubeEdge 控制树莓派 LED 灯

1. 实验描述

本实验内容是使用 CNCF KubeEdge 控制通过通用输入输出（General-Purpose Input/Output，GPIO）接口连接到树莓派的 LED 灯，如图 7.1 所示。

树莓派与 LED 灯的引脚连接对应关系如图 7.1(b) 所示。这里我们通过一个独立的电路，使用一个按钮开关来测试 LED 的工作状态。根据预期的 LED 灯状态，程序控制是否为 GPIO 的 pin18 引脚供电。当供电时，LED 发光（ON 状态），当未供电时，LED 不发光（OFF 状态）。

2. 依赖环境

硬件依赖环境为 Raspberry Pi（本演示实验使用的是树莓派 3），GPIO 面包板与导线，LED 灯，开关按钮（测试灯的工作状态）。

软件依赖环境为 Golang 1.11.4+ 和 CNCF KubeEdge 0.3+。

3. 实验步骤

① 按照图 7.1(b) 所示的电路图把 LED 灯与树莓派通过 GPIO 连接起来。

② 下载并运行 CNCF KubeEdge。

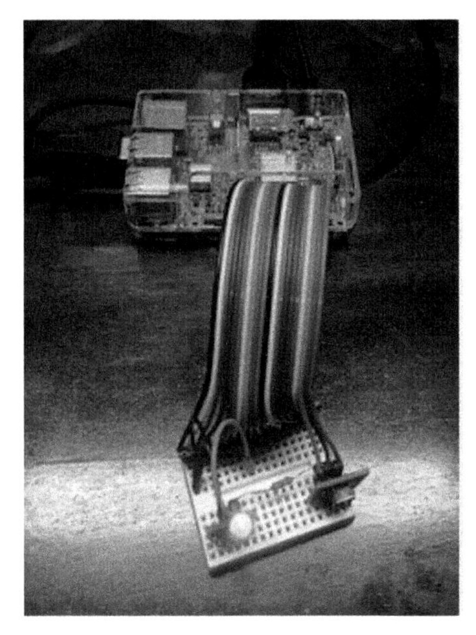

(a) 实验环境示意图

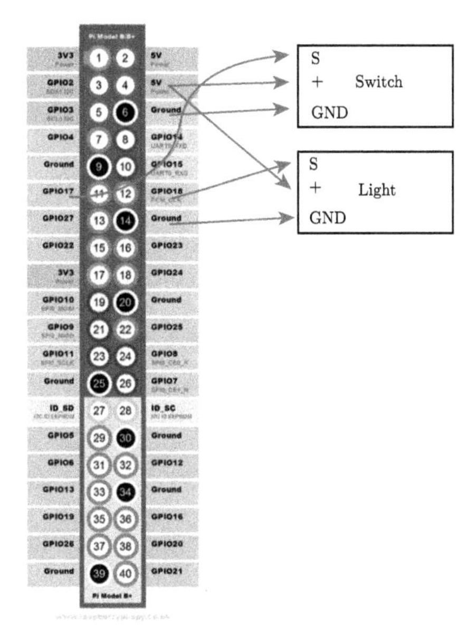

(b) 树莓派与 LED 灯的连接对应关系

图 7.1 使用 CNCF KubeEdge 控制树莓派 LED 灯实验图

③ 克隆 kubeedge/examples 仓库。请确保 CNCF KubeEdge 已安装，并成功启动和运行，然后才能执行第④步。

```
git clone https://github.com/kubeedge/examples.git $GOPATH/
src/github.com/kubeedge/examples
```

④ 创建 LED 设备模型和设备实例。

```
cd $GOPATH/src/github.com/kubeedge/examples/led-raspberrypi/
sample-crds
kubectl apply -f led-light-device-model.yaml
kubectl apply -f led-light-device-instance.yaml

# Note: You can change the CRDs to match your requirement
```

⑤ 在配置文件中更新上一步使用设备 CRD 创建的设备名称（设备实例名称），以及运行 EdgeCore 时使用的 MQTT URL。

```
$GOPATH/src/github.com/kubeedge/examples/led-raspberrypi/
configuration/config.yaml
```

⑥ 构建在树莓派中运行的 Mappers。

```
cd $GOPATH/src/github.com/kubeedge/examples/led-raspberrypi/
make # or `make led_light_mapper`
docker tag led-light-mapper:v1.1 <your_dockerhub_username>/
led-light-mapper:v1.1
docker push <your_dockerhub_username>/led-light-mapper:v1.1

# Note: Before trying to push the docker image to the remote
repository please ensure that you have signed into docker from
your node, if not please type the followig command to sign in

docker login

# Please enter your username and password when prompted
```

⑦ 部署 Mappers。

```
cd $GOPATH/src/github.com/kubeedge/examples/led-raspberrypi/

# Please enter the following details in the deployment.yaml :-
#    1. Replace <edge_node_name> with the name of your edge
 node at spec.template.spec.voluems.configMap.name
#    2. Replace <your_dockerhub_username> with your dockerhub
username at spec.template.spec.containers.image

kubectl create -f deployment.yaml
```

⑧ 通过在设备 CRD 中将设备孪生属性（预期值）的“power-state”更改

为“ON”以打开灯，改为“OFF”来关闭灯。那么 Mappers 将控制 LED 以匹配云中提到的状态，并在更新后向云报告 LED 灯的实际状态。

7.2.2 使用 NPU 实现边缘端人脸识别

1. 场景介绍

人脸是一个包含丰富信息的模型的集合，是人类互相识别的主要标志，也是图像和视频研究者最感兴趣的对象之一。人脸识别在身份识别、访问控制、视频会议、档案管理、基于对象的图像和视频检索等方面有着广泛的应用，是人工智能领域的一个研究热点。随着 IoT 的快速发展，智能终端设备数量激增，伴随而来的大量数据，给云计算处理数据这种方式带来巨大压力。因此，越来越多的场景下，希望在靠近数据产生源头的地方，对摄像头图像进行处理，在节省网络带宽的同时，也能显著降低网络时延，提高用户体验。

该实验使用 Atlas 200 DK 开发者套件（型号：3000）外接的摄像头获取的视频数据作为输入，通过 KubeEdge 对节点纳管并下发人脸识别应用服务，实时检测视频画面中的人脸、对人脸信息进行标注，并推送到 Web UI 回显结果。

2. 原理

① KubeEdge 对 Atlas 200 DK 进行纳管。

② CameraDatasets 模块与摄像头驱动进行交互，从摄像头获取 YUV-420SP 格式的视频数据。Atlas 200 DK 开发者套件提供了一套帮助开发者轻松获取摄像头图像的 API 接口媒体库，详细的接口使用方法可参考 Media API。

③ KubeEdge 向 Atlas 200 DK 开发者套件下发图像预处理与人脸检测应用。

④ FaceDetectionPreProcess 是图像预处理模块，当输入图片的分辨率与网络模型要求的分辨率不匹配时，对图片进行 resize 预处理。

⑤ FaceDetectionInferenceEngine 会加载已训练好的人脸检测网络模型及其权重值，对图片做推理，并将图片转化为 JPEG 格式。

⑥ FaceDetectionPostProcess 将接收到的 JPEG 图片及推理结果通过调用展示代理的 API 发送给 UI 主机上部署的展示服务器进程。

⑦ 展示服务器根据接收到的推理结果，在 JPEG 图片上进行人脸位置及置信度的标记，并将图像信息推送给 Web UI（展示代理）。

⑧ 用户可通过 Chrome 浏览器访问展示服务器，实时查看视频中的人脸检测信息。

3. 技术

华为基于 Ascend 310 芯片的 MindSpore DDK，并基于 Caffe 的 Resnet10-SSD300 模型，使用 Matrix 提供的模型管家接口将其转换为 Ascend 310 芯片支持的模型。

7.2.3 使用 CNCF KubeEdge 实现云边协同的联邦训练

1. 实验描述

本实验内容是在表面缺陷检测场景中实现云边协同的联邦训练。在表面缺陷场景中，数据分散在不同的地方（如服务器节点、摄像头等），由于数据隐私和带宽的原因，无法聚合，因此无法将所有数据用来训练。但是，使用联邦训练可以很好地解决这个问题。每个节点使用自己的数据来做模型训练，仅将训练好的模型权重上传到云节点进行聚合，并拉取聚合结果进行模型更新。

2. 依赖环境

Kubernetes 1.16+，CNCF KubeEdge 1.5+，Sedna 0.2+。

3. 实验步骤

① 搭建 CNCF KubeEdge 集群，保证集群有一个云节点，两个边缘节点。

② 在 Master 节点安装 CNCF KubeEdge AI 组件 Sedna。

```
# set the cloud node name where edge node can be access
SEDNA_GM_NODE=cloud-node-name
curl https://raw.githubusercontent.com/kubeedge/sedna/main/
scripts/installation/
install.sh | SEDNA_GM_NODE=$SEDNA_GM_NODE SEDNA_ACTION=create
```

```
bash -
```

③ 分别在边缘节点 Edge1 和 Edge2 上准备训练数据和创建训练模型输出目录。

在 Edge1 节点上做如下操作。

```
mkdir -p /data
cd /data
git clone https://github.com/abin24/
Magnetic-tile-defect-datasets..git Magnetic-tile-defect-
datasets curl -o 1.txt https://raw.githubusercontent.com/
kubeedge/sedna/main/examples/federated_learning/surface_
defect_det
ection/data/1.txt
```

在 Edge2 节点上做如下操作。

```
mkdir -p /data
cd /data
git clone https://github.com/abin24/Magnetic-tile-defect-
datasets..git Magnetic-tile-defect-datasets
curl -o 2.txt https://raw.githubusercontent.com/kubeedge/
sedna/main/examples/federated_learning/surface_defect_det
ection/data/2.txt

mkdir /model
```

④ 在 Master 节点上创建 CRD 资源对象。

获取云节点和两个边缘节点的名字。

```
kubectl get node -o wide


# first column is node name and set three variables.
```

```
CLOUD_NODE="cloud-node-name"
EDGE1_NODE="edge1-node-name"
EDGE2_NODE="edge2-node-name"
```

创建 Dataset 资源对象。

```
kubectl create -f - <<EOF
apiVersion: sedna.io/v1alpha1
kind: Dataset
metadata:
  name: "edge1-surface-defect-detection-dataset"
spec:
  url: "/data/1.txt"
  format: "txt"
  nodeName: $EDGE1_NODE
EOF

kubectl create -f - <<EOF
apiVersion: sedna.io/v1alpha1
kind: Dataset
metadata:
  name: "edge2-surface-defect-detection-dataset"
spec:
  url: "/data/2.txt"
  format: "txt"
  nodeName: $EDGE2_NODE
EOF
```

创建 Model 资源对象。

```
kubectl create -f - <<EOF
apiVersion: sedna.io/v1alpha1
kind: Model
metadata:
  name: "surface-defect-detection-model"
spec:
  url: "/model"
  format: "ckpt"
EOF
```

创建 Job 资源对象。

```
kubectl create -f - <<EOF
apiVersion: sedna.io/v1alpha1
kind: FederatedLearningJob
metadata:
  name: surface-defect-detection
spec:
  aggregationWorker:
    model:
      name: "surface-defect-detection-model"
    template:
      spec:
        nodeName: $CLOUD_NODE
        containers:
          - image: kubeedge/sedna-example-federated-
          learning-surface-defect-detection-aggregation:v0.1.0
            name:  agg-worker
            imagePullPolicy: IfNotPresent
            env: # user defined environments
```

```
            - name: "exit_round"
              value: "3"
          resources:  # user defined resources
            limits:
              memory: 2Gi
  trainingWorkers:
    - dataset:
        name: "edge1-surface-defect-detection-dataset"
      template:
        spec:
          nodeName: $EDGE1_NODE
          containers:
            - image: kubeedge/sedna-example-federated-
            learning-surface-defect-detection-train:v0.1.0
              name:  train-worker
              imagePullPolicy: IfNotPresent
              env:  # user defined environments
                - name: "batch_size"
                  value: "32"
                - name: "learning_rate"
                  value: "0.001"
                - name: "epochs"
                  value: "2"
              resources:  # user defined resources
                limits:
                  memory: 2Gi
    - dataset:
        name: "edge2-surface-defect-detection-dataset"
```

```
      template:
        spec:
          nodeName: $EDGE2_NODE
          containers:
            - image: kubeedge/sedna-example-federated-
            learning-surface-defect-detection-train:v0.1.0
              name:  train-worker
              imagePullPolicy: IfNotPresent
              env:  # user defined environments
                - name: "batch_size"
                  value: "32"
                - name: "learning_rate"
                  value: "0.001"
                - name: "epochs"
                  value: "2"
              resources:  # user defined resources
                limits:
                  memory: 2Gi
EOF
```

查看 Job 运行状态。

```
kubectl get federatedlearningjob surface-defect-detection
```

⑤ 等训练完成后，分别在边缘节点的训练模型输出目录中看到生成的训练模型。

7.2.4 CNCF KubeEdge 实战小结

本章我们主要介绍了如何具体搭建一个 KubeEdge 集群，以及在获得 KubeEdge 集群后如何在其之上部署具体的应用。部分内容需要在此处再次强调：首先是资源对象的概念，例如设备模型对象（树莓派实验中的 LED 灯设备），除此之外需要关注 Mappers 的构建与部署。对于涉及联邦训练的应用，我们可以首先考虑使用 Sedna 插件来简化我们的具体部署工作。在完成 Sedna 插件的安装之后，通过创建各类的资源对象来完成我们的应用部署。关于 KubeEdge 实战的更多例子，可以在开源社区上找到。

“路漫漫其修远兮，吾将上下而求索”，随着云边协同技术的不断发展，“云—边—端”的整体构想已逐步从理论模型转变成了现实。KubeEdge 将不断推进边缘云原生平台架构，提供更低时延更好体验的边缘云平台，推动企业数字化转型。

参考文献

[1] MEURISCH C, NGUYEN T A B, GEDEON J, et al. Upgrading wireless home routers as emergency cloudlet and secure DTN communication bridge[C]//IEEE. 2017 26th International Conference on Computer Communication and Networks. Vancouver: IEEE, 2017: 1-2.

[2] YANG Y, WANG K, ZHANG G, et al. MEETS: Maximal energy efficient task scheduling in homogeneous fog networks[J]. IEEE Internet of Things Journal, 2018, 5: 4076-4087.

[3] DENG S, HUANG L, TAHERI J, et al. Computation offloading for service workflow in mobile cloud computing[J]. IEEE Transactions on Parallel and Distributed Systems, 2015, 26(12):3317-3329.

[4] TAN H, HAN Z, LI X Y, et al. Online job dispatching and scheduling in edge-clouds[C]//IEEE. IEEE Conference on Computer Communications. Atlanta: IEEE, 2017:1-9.

[5] WANG F X, ZHANG C, WANG F, et al. Intelligent edge-assisted crowdcast with deep reinforcement learning for personalized QoE[C]//IEEE. IEEE Conference on Computer Communications. Paris: IEEE, 2019: 910-918.

[6] TAN H, JIANG S, HAN Z, et al. Camul: Online caching on multiple caches with relaying and bypassing[C]//IEEE. IEEE Conference on Computer Communications. Paris: IEEE, 2019: 244-252.

[7] ZYSKIND G, NATHAN OZ, PENTLAND A. Enigma: Decentralized computation platform with guaranteed privacy[EB/OL]. (2015-06-10)[2022-09-09]. arXiv: 1506.03471.

[8] ROMAN R, LOPEZ J, MAMBO M. Mobile edge computing, fog et al.: A survey and analysis of security threats and challenges[J]. Future Generation Computer Systems, 2018,78:680-698.

[9] CAO J, XU L, ABDALLAH R, et al. EdgeOS_H: A home operating system for Internet of everything[C]//2017 IEEE 37th International Conference on Distributed Computing Systems (ICDCS). Atlanta: IEEE, 2017:1756-1764.

[10] XU Z, CHAO L, PENG X. T-REST: An open-enabled architectural style for the Internet of Things[J]. IEEE Internet of Things Journal, 2018, 6(3):4019-4034.

[11] Cisco. Cisco annual internet report (2018–2023) white paper[EB/OL]. (2020-03-09)[2022-09-09].

[12] SLEATOR D, TARJAN R. Amortized efficiency of list update and paging rules[J]. Communications of the ACM, 1985, 28(2): 202–208.

[13] KARLIN A R, MANASSE M S, RUDOLPH L, et al. Competitive snoopy caching[J]. Algorithmica, 1988, 3: 79–119.

[14] FIAT A, WOEGINGER G. Online algorithms: The state of the art[M]. Heidelberg: Springer, 1998.

[15] WATTENHOFER R. Principles of distributed computing[EB/OL]. (2022-08-04)[2022-09-09].

[16] SUTTON R S, BARTO A G. Introduction to reinforcement learning[M]. 1st edition. Cambridge: MIT Press, 1998.

[17] MNIH V, KAVUKCUOGLU K, SILVER D, et al. Human-level control through deep reinforcement learning[J]. Nature,2015, 518: 529–533.

[18] ROUGHGARDEN T. Twenty lectures on algorithmic game theory[M]. Cambridge: Cambridge University Press, 2016.

[19] CHADHA J, GARG N, KUMAR A, et al. A competitive algorithm for minimizing weighted flow time on unrelatedmachines with speed augmentation[C]//Association for Computing Machinery. In Proceedings of the forty-first annual ACM symposium on Theory of computing (STOC '09). New York: Association for Computing Machinery, 2009: 679–684.

[20] MENG J, TAN H, LI X, et al. Online deadline-aware task dispatching and scheduling in edge computing[J]. IEEE Transactions on Parallel and Distributed Systems, 2020, 31(6): 1270–1286.

[21] CAO W, TAN H, HAN Z, et al. (2021). Online learning-based co-task dispatching with function configuration in edge computing[C]//Zhang Y, Xu Y, Tian H. Parallel and Distributed Computing, Applications and Technologies. Shenzhen: Springer, 2021: 198-209.

[22] ZHANG C, TAN H, HUANG H, et al. Online dispatching and scheduling of jobs with heterogeneous utilities in edge computing[C]//ABOUZEID A, CHEN M. Proceedings of the Twenty-First International Symposium on Theory, Algorithmic

Foundations, and Protocol Design for Mobile Networks and Mobile Computing. New York: Association for Computing Machinery, 2020: 101–110.

[23] IM S, MOSELEY B. General profit scheduling and the power of migration on heterogeneous machines[C]//GILBERT S. In Proceedings of the 28th ACM Symposium on Parallelism in Algorithms and Architectures. New York: Association for Computing Machinery, 2016: 165–173.

[24] IM S, MOSELEY B, PRUHS K. Online scheduling with general cost functions[J]. SIAM Journal on Computing, 2014, 43(1): 126-143.

[25] MENG J, TAN H, XU C, et al. Dedas: Online task dispatching and scheduling with bandwidth constraint in edge computing[C]//IEEE. IEEE Conference on Computer Communications. Paris: IEEE, 2019:2287-2295.

[26] ATRE N, SHERRY J, WANG W, et al. Caching with delayed hits[C]// SIGCOMM' 20. Proceedings of the Annual conference of the ACM Special Interest Group on Data Communication on the applications, technologies, architectures, and protocols for computer communication. New York: Association for Computing Machinery, 2020: 495–513.

[27] ZHANG C, TAN H, LI G, et al. Online file caching in latency-sensitive systems with delayed hits and bypassing[C]//IEEE. IEEE Conference on Computer Communications. London: IEEE, 2022: 1059-1068.

[28] NADEMBEGA A, HAFID A S, BRISEBOIS R. Mobility prediction model-based service migration procedure for follow me cloud to support QoS and QoE[C]//IEEE. 2016 IEEE International Conference on Communications. Kuala Lumpur: IEEE, 2016: 1-6.

[29] WANG S, URGAONKAR R, HE T, et al. Dynamic service placement for mobile micro-clouds with predicted future costs[J]. IEEE Transactions on Parallel and Distributed Systems, 2017, 28(4): 1002-1016.

[30] TALEB T, KSENTINI A. An analytical model for follow me cloud[C]//IEEE. 2013 IEEE Global Communications Conference. Atlanta: IEEE, 2013: 1291-1296.

[31] KSENTINI A, TALEB T, CHEN M. A Markov Decision Process-based service migration procedure for follow me cloud[C]//IEEE. 2014 IEEE International Conference on Communications. Sydney: IEEE, 2014: 1350-1354.

[32] WANG S, URGAONKAR R, HE T, et al. Mobility-induced service migration in mobile micro-clouds[C]//IEEE. 2014 IEEE Military Communications Conference. Baltimore: IEEE, 2014: 835-840.

[33] OUYANG T, ZHOU Z, CHEN X. Follow me at the edge: Mobility-aware dynamic service placement for mobile edge computing[J]. IEEE Journal on Selected Areas in Communications, 2018, 36(10): 2333-2345.

[34] TAN H, SHEN Z, WANG Z, et al. Edge-centric pricing mechanisms with selfish heterogeneous users[C]// 14th China Conference on Internet of Things (Wireless Sensor Network). Dunhuang: CCF, 2020.

[35] ZHANG C, CAO Q, JIANG H, et al. A fast filtering mechanism to improve efficiency of large-scale video analytics[J]. IEEE Transactions on Computers, 2020, 69(6): 914-928.

[36] JIANG J, ANANTHANARAYANAN G, BODIK P, et al. Chameleon: scalable adaptation of video analytics[C]//GORINSKY S, TAPOLCAI J. Proceedings of the 2018 Conference of the ACM Special Interest Group on Data Communication. New York: Association for Computing Machinery, 2018: 253–266.

[37] NIKOUEI S, CHEN Y, SONG S, et al. Real-time human detection as an edge service enabled by a lightweight CNN[C]//IEEE. 2018 IEEE International Conference on Edge Computing. San Francisco:IEEE, 2018:125-129.

[38] LIU L, LI H, GRUTESER M. Edge assisted real-time object detection for mobile augmented reality[C]//GOLLAKOTA S, ZHANG X. The 25th Annual International Conference on Mobile Computing and Networking. New York: Association for Computing Machinery, 2019: 1–16.

[39] ZHANG X, ZHOU X, LIN M, et al. ShuffleNet: An extremely efficient convolutional neural network for mobile devices[C]//IEEE. 2018 IEEE/CVF Conference on Computer Vision and Pattern Recognition. Salt Lake City: IEEE, 2018: 6848-6856.

[40] DU L, DU Y, LI Y, et al. A reconfigurable streaming deep convolutional neural network accelerator for Internet of Things[J]. IEEE Transactions on Circuits and Systems I: Regular Papers, 2018, 65(1): 198-208.

[41] NIKOUEI S, CHEN Y, SONG S, et al. Smart surveillance as an edge network service: From Harr-Cascade, SVM to a lightweight CNN[C]//IEEE. IEEE 4th International Conference on Collaboration and Internet Computing. Philadelphia: IEEE, 2018: 256-265.

[42] KANG D, EMMONS J, ABUZAID F, et al. NoScope: Optimizing neural network queries over video at scale[EB/OL]. (2017-08-08)[2022-09-09]. arXiv:1703.02529.

[43] TAYLOR B, MARCO V, WOLFF W, et al. Adaptive deep learning model selection on embedded systems[C]//DUBACH C. Proceedings of the 19th ACM SIGPLAN/SIGBED International Conference on Languages, Compilers, and Tools for Embedded Systems. New York: Association for Computing Machinery, 2018: 31–43.

[44] LIU S, LIN Y, ZHOU Z, et al. On-demand deep model compression for mobile devices: A usage-driven model selection framework[C]// MobiSys' 18. Proceedings of the 16th Annual International Conference on Mobile Systems, Applications, and Services. New York: Association for Computing Machinery,2018: 389–400.

[45] DROLIA U, GUO K, TAN J, et al. Cachier: Edge-caching for recognition applications[C]//IEEE. IEEE 37th International Conference on Distributed Computing Systems. Atlanta: IEEE, 2017: 276-286.

[46] HUYNH L, LEE Y, BALAN R. DeepMon: Mobile GPU-based deep learning framework for continuous vision applications[C]//CAMPBELL A, GANESAN D. Proceedings of the 15th Annual International Conference on Mobile Systems, Applications, and Services. New York: Association for Computing Machinery, 2017: 82–95.

[47] XU M, ZHU M, LIU Y, et al. DeepCache: Principled cache for mobile deep vision[C]// CHEN Y, JAMIESON K. Proceedings of the 24th Annual International Conference on Mobile Computing and Networking. New York: Association for Computing Machinery, 2018: 129–144.

[48] GUO P, HU B, LI R, et al. 2018. FoggyCache: Cross-device approximate computation reuse[C]//CHEN Y, JAMIESON K. Proceedings of the 24th Annual International Conference on Mobile Computing and Networking. New York: Association for Computing Machinery, 2018: 19–34.

[49] JIANG A, WONG D, CANEL C, et al. Mainstream: Dynamic stem-sharing for multi-tenant video processing[C]//GUNAWI H, REED B. 2018 USENIX Annual Technical Conference. Boston: USENIX Association, 2018: 29-42.

[50] PAN S, YANG Q. A survey on transfer learning[J]. IEEE Transactions on Knowledge and Data Engineering, 2010, 22(10):1345-1359.

[51] CHEN Z, LIU B. Lifelong machine learning[J]. Synthesis Lectures on Artificial Intelligence and Machine Learning, 2018, 12(3):1-207.

[52] BONILLA E, CHAI K, WILLIAMS C. Multi-task Gaussian process prediction[J]. Advances in neural information processing systems 20, 2008:153-160.

[53] ZHANG Y, YEUNG D. Multi-task learning using generalized t process[C]//Proceedings of the thirteenth international conference on artificial intelligence and statistics. JMLR Workshop and Conference Proceedings. 2010:964-971.

[54] ZHANG Y, YEUNG D, XU Q. Probabilistic multi-task feature selection[J]. Advances in neural information processing systems 23, 2010:2559-2567.

[55] ZHANG Y, YEUNG D. Learning high-order task relationships in multi-task learning[J]. IJCAI International Joint Conference on Artificial Intelligence, 2013:1917.

[56] LEE G, YANG E, HWANG S. Asymmetric multi-task learning based on task relatedness and loss[J]. International conference on machine learning, 2016:230-238.

[57] ZHENG Z, WANG Y, DAI Q, et al. Metadata-driven task relation discovery for multi-task learning[J]. IJCAI, 2019:4426-4432.

[58] ADE R, DESHMUKH P. Methods for incremental learning: A survey[J]. International Journal of Data Mining & Knowledge Management Process, 2013, 3(4): 119-125.

[59] HOI S, SAHOO D, LU J, et al. Online learning: A comprehensive survey[J]. Neurocomputing, 2021, 459: 249-289.

[60] THRUN S, MITCHELL T. Lifelong robot learning[J]. Robotics and autonomous systems, 1995, 15(1-2): 25–46.

[61] ALTMAN N. An introduction to kernel and nearest-neighbor nonpara metric regression[J]. The American Statistician, 1992, 46(3): 175–185.

[62] SHEPARD D. 1968. A two-dimensional interpolation function for irregularly-spaced data[C]//BLUE R, ROSENBERG A. Proceedings of the 1968 23rd ACM national conference. New York: Association for Computing Machinery, 1968: 517–524.

[63] THRUN S. Explanation-based neural network learning[M]. New York: Springer, 1996: 19–48.

[64] MICONI T. Backpropagation of Hebbian plasticity for lifelong learning[EB/OL]. (2016-10-19)[2022-09-09]. arXiv:1609.02228.

[65] MICONI T, CLUNE J, STANLEY K. Differentiable plasticity: training plastic neural networks with backpropagation[C]//International Conference on Machine Learning. PMLR, 2018: 3559-3568.

[66] KIRKPATRICK J, PASCANU R, RABINOWITZ N, et al. Overcoming catastrophic forgetting in neural networks[EB/OL]. (2017-01-25)[2022-09-09]. arXiv:1612.00796v2.

[67] RUVOLO P, EATON E. ELLA: An efficient lifelong learning algorithm[C]//DASGUPTA S, MCALLESTER D. Proceedings of the 30th International Conference on International Conference on Machine Learning. Atlanta: JMLR, 2013: 507–515.

[68] CHEN Z, MA N, LIU B. Lifelong learning for sentiment classification[EB/OL]. (2018-01-09)[2022-09-09]. arXiv:1801.02808v1.